国家高职高专印刷技术专业“十二五”规划教材
国家骨干高职院校建设资助（印刷技术专业教材）

印刷质量检测

YINSHUA
ZHILIANG
JIANCE

潘　杰　龚　云　田东文　陈正伟　李孟晓
薛　克　孔令君　周颖梅　金宏文　金文堂　◎编写
何从友　◎主审

文化发展出版社
Cultural Development Press

内容提要

本书按照《平版印刷工》国家职业标准对印刷质量的要求，将企业最需要的知识、最关键的技能、最重要的素质等内容融入教材之中，以确保学生所学的内容与企业所需的技能实现对接。本书包含7个学习情境，分别为绪论、印刷品质量测控条的分类和作用、印刷品质量主观评价、印刷品质量客观评价、印刷品质量客观检测实践操作、印刷品质量在线检测、印刷品表面残留物质的检测。通过学习本书，使学生能够初步判断常见印刷品的质量问题，掌握印刷质量要求，依据印刷质量控制的定量化标准把控好印刷的质量关。

本书理论联系实际，可作为高等院校印刷技术、印刷图文信息处理、印刷机械、包装印刷等专业相关课程的教程，也可以作为相关工作技术人员和管理人员阅读用书。

图书在版编目（CIP）数据

印刷质量检测/潘杰等编写.－北京：文化发展出版社，2015.4（2019.7重印）

ISBN 978-7-5142-1062-0

Ⅰ.①印… Ⅱ.①潘… Ⅲ.①印刷品－检验－高等学校－教材 Ⅳ.①TS807

中国版本图书馆CIP数据核字(2014)第289110号

印刷质量检测

编　　写：潘杰　龚云　田东文　陈正伟　李孟晓　薛克　孔令君　周颖梅　金宏文　金文堂

主　　审：何从友

责任编辑：李　毅　　　责任校对：郭　平

责任印制：邓辉明　　　责任设计：侯　铮

出版发行：文化发展出版社（北京市翠微路2号 邮编：100036）

网　　址：www.wenhuafazhan.com　www.printhome.com　www.keyin.cn

经　　销：各地新华书店

印　　刷：北京建宏印刷有限公司

开　　本：787mm×1092mm　1/16

字　　数：230千字

印　　张：10.375

彩　　插：8P

印　　数：2501～2800

印　　次：2019年7月第1版第3次印刷

定　　价：49.00元

ISBN：978-7-5142-1062-0

◆ 如发现印装质量问题请与我社发行部联系　直销电话：010-88275710

上海出版印刷高等专科学校
国家骨干高职院校项目建设系列教材

教材编写人员

《印刷质量检测》

潘　杰　龚　云　田东文　陈正伟　李孟晓
薛　克　孔令君　周颖梅　金宏文　金文堂

序

伴随着印刷业的发展和新技术、新工艺、新材料的应用，原新闻出版总署颁布了关于绿色印刷的“十二五”规划，全国印刷标准化技术委员会在业内召开会议，起草了许多关于印刷行业标准的文件。鉴于此，印刷技术专业类的教材也需要更新知识结构，对过去的知识体系重新进行梳理、补充和完善。本书在国家印刷质量标准检测相关法律法规的陆续出台和完善的大背景下，介绍了许多关于印刷品检测的最新标准和相关的常规检测手段，为印刷技术专业学生的教育增添了新的知识。本书的特色和优势主要体现在：

1. 权威性。本教材既能够照顾到高职高专的教学层次，又能满足高水准、高质量的要求。本教材的每个章节都邀约了许多印刷领域优秀学者共同探讨来参与完成，形成颇有实力的编写阵容。

2. 前沿性。本教材在传承印刷质量基础知识的基础上，融入了最新的印刷检测方面的标准和前沿的印刷检测技术手段，使教材内容基本立足于技术前沿。

3. 实用性。为了适应高职高专教育教学的实际需要，我们对本教材的编写定位于“应用性”层次，强调了高职高专印刷教育培养动手能力的特色。此教材既可以作为印刷专业类学生的教科书，也可以作为社会职业培训和再就业培训，包括为企业培训员工，承担农村劳动力转移培训等的教材，还可作为其他专业人员的参考书。

本书的出版得益于学校国家骨干校建设的资助。上海出版印刷高等专科学校作为印刷行业内的龙头院校，聚集了众多印刷教育界的骨干教师，多年来为全国印刷行业培养了众多优秀人才。本书以上海出版印刷高等专科学校为依托，通过印刷专业资深骨干教师的辛勤努力，在增加印刷质量检测新技术、新知识的同时，紧密配合教育发展需要，修订相关的知识体系，使得教材建设紧跟印刷质量检测技术的快速发展，希望本教材的使用能为印刷技术专业人才的培养做出更大贡献。

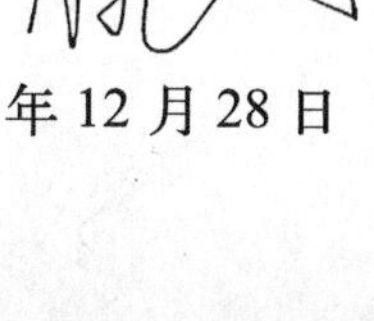

2014 年 12 月 28 日

前　言

根据国家印刷工业“十二五”对印刷技术的发展规划要求，我们编写了与现代印刷生产技术紧密结合的特色教材《印刷质量检测》，按照《平版印刷工》国家职业标准对印刷质量的要求，将企业最需要的知识、最关键的技能、最重要的素质提炼出来，把技能考核内容一起融入教材之中，确保课程建设的质量，确保教材内容能够紧跟社会发展的需要。为能够紧扣国家《平版印刷工》职业标准思想体系，我们紧紧围绕《平版印刷工》国家职业标准对印刷质量的要求，将真实工作任务组织在教材当中，以满足社会、行业、企业的需要。

本书由潘杰、龚云、田东文、陈正伟、李孟晓、薛克、孔令君、周颖梅、金宏文、金文堂等编写，潘杰统稿，何从友审阅。

本书能够出版得到了上海出版印刷高等专科学校印刷技术专业骨干校建设的资助，同时在编写过程中还得到了汪军、徐东、韦灵武、温良军、熊伟斌、周淑宝、肖颖、葛惊寰、俞忠华、高雪玲、顾全珍、潘嘉屹、侯剑波、邬虹旦、陈忠文、张淑萍、李贤峰、于江鸿、王金乐、王凯、李树章等同人的大力帮助与支持，美国爱色丽公司、德国 CGS 公司对本教材的出版也给予了大力支持，在此表示衷心的感谢。

由于我们学识和水平有限，再加上时间仓促，书中还有差错，恳请读者给予批评与指正、包容与支持。

编　者

2015 年 2 月

前言

目 录

情境一 绪 论

情境二 印刷品质量测控条的分类和作用

情境三　印刷品质量主观评价

情境五 印刷品质量客观检测实践操作

情境六 印刷品质量在线检测

情境七　印刷品表面残留物质的检测

情境一　绪　论

教学目标

印刷质量是指在整个印刷复制过程中图文信息再现的质量，即对复制原稿的忠实程度和对图文质量的评判。印刷质量数据化和规范化控制是印刷质量控制的定量化标准，是建立在数据化、规范化的基础上的。本情境通过介绍印刷品质量检测的目的及意义、分类说明印刷品的特征，使学习者系统了解印刷、印刷品质量、印刷质量检测等概念，为后续学习打下基础。

能力目标

1. 能够根据印刷品的特征判断印刷方式；
2. 能够根据客户对印刷品的要求，设计印刷工艺。

知识目标

1. 掌握印刷质量、印刷品质量检测的概念和内涵；
2. 系统认识印刷质量检测的目的、意义和方法；
3. 了解印刷品质量的评价参数；
4. 掌握各种印刷方式的印刷品特征。

一、印刷质量的概念及内容

（一）印刷

印刷是使用印版或其他方式将原稿上的图文信息转移到承印物上的工艺技术。传统印刷方法是先在印版上涂以油墨，然后通过印刷机的印刷装置，使印版上的油墨转印到承印物表面，成为印刷品。

1. **印刷品的定义**

印刷品是采用一定的工艺技术，通过印版或其他方法与承印物、油墨、印刷机械等相互配合，得到的以还原原稿为目标的复制品。

2. **印刷品的二重性**

①印刷品是为社会物质文明和精神文明服务的商品，是具有经济效益和社会效益的商品。因此，对它的要求要从以上两个方面同时来衡量。

②印刷品往往既是一种重要的视觉商品，又是商品包装的重要材料，人们对它的质量要求越来越高，表现为：包装材料强度的高低；造型艺术的优劣；包装成型后牢度的强弱；所用承印物及溶剂、油墨、润湿液等原辅材料对包装物品的影响程度；印刷品质量的好坏。

（二）质量

质量的定义：根据国际标准化组织在 ISO 9000：2000《质量管理体系基础术语》中的定义，质量是指“一组固有特性满足要求的程度”。质量是反映实体，满足明确和隐含需要的能力的特征总和。实体可以是单体描述和研究的事物，如产品、活动或过程、组织、体系或人以及他们的任何组合。在有合同的情况下或有法规规定的情况下，需要是明确规定的，而在其他情况下则是隐含的，根据特定的准则则需要转化为质量特性总和。对产品而言，一般包括六个方面的特性：即性能、可信性、安全性、适应性、经济性和时间性。

质量可分为狭义质量和广义质量两种：狭义质量是指产品质量（如印刷品质量）。广义质量是指除了最终的产品质量之外，还包括产品形成和过程的质量（如印刷复制质量）。质量不仅要满足人们的需要，还要满足社会的需要。

质量的内容包括有：性能、美学性、一致性、安全性、可靠性、经济性、使用周期、声誉质量和特殊质量。

（三）印刷质量

印刷质量的决定因素是设计质量；印刷品质量；美观、使用质量；服务质量；安全环保质量。

①设计质量：设计是达到最终产品质量水平的起点。设计就是规定有关一件产品或一项服务诸如大小、形状和位置的特殊性能。质量设计是指设计人员对产品的一些性能做出接受或拒绝的选择。如，印刷品的版面设计、页面内的文字、彩色图像、图表、曲线等，这些在页面内的设计安排、选择、舒适、符合印刷要求等方面，都会反映出质量设计人员的意图。最终的设计效果必须把客户的要求、生产和服务的能力、安全性和可靠性、成本以及其他因素考虑在内。设计人员必须与印刷生产实践相结合，确保设计产品可以被复制印刷。

②印刷品质量：印刷质量是指在整个印刷复制过程中图文信息再现的质量，即对复制原稿的忠实程度和对图文质量的评判。因此，印刷过程中的各个工序操作质量是保证印刷品最后完成的质量的关键。

③美观、使用质量：印刷品既具有工业商品的属性，又具有艺术品的特性。无论是书籍、报纸杂志等印刷品，还是各类包装装潢印刷品，都具有给人以美的享受，这样既提高了商品的价值，又显现了装饰的艺术效果。同时，印刷品不仅满足人们对物质的要求，更是一种精神文明的传播品，是现代科学技术的传播手段，美观与使用质量显得更为重要。

④服务质量：无论什么产品，都有可能有许多原因导致生产的产品不能如希望的那样发挥出它们的功能，或得到优良的服务。这是从质量的观点来看，重要的是给予补救，即采取一切必要的措施使产品或服务达到规定的标准。应该强调的是保证印刷品质量是印刷人员的重要职责。

⑤安全环保质量：对印刷品的安全环保性能进行检测以保证使用的安全性，保障人们的身体健康不受影响。

本书主要是讨论印刷品质量和印刷环保质量这两个方面。

（四）印刷品质量

1. 印刷品质量的定义

印刷品是一种依靠视觉评价的商品和艺术品。人们在评论印刷品质量时，总是不由自主地联想到审美、技术、一致性三方面因素。这种思考问题的方法是把人的视觉心理因素与复制工程中的物理因素综合起来考虑的，也就是说，既考虑印刷品的商品价值或艺术水平，又考虑印刷技术本身对印刷品质量的影响。但是实践证明，从商品价值或艺术角度评价印刷品质量的技术尚不完善，这样的评价往往不能可靠地表达印刷品的复制质量特性，只有从印刷技术的角度出发进行评定，才能正确地评价印刷品质量。

印刷品质量，是指印刷品还原原稿的真实程度、清晰度和透视感的程度。

2. 印刷品质量的内涵

印刷品质量的优劣由以下几方面确定：印刷品接近原稿的程度；印张对付印样（签样）的接近程度；同批印刷品的合格率和同批印刷品之间的一致程度。前两项与印刷品的绝对质量有关，后一项与印刷品的平均质量有关。

3. 印刷品复制质量

印刷复制质量是指在整个印刷复制过程中图文信息再现的质量，把印刷图像视为二维或三维图画上具有明暗和色彩变化的单个像素的信息集合（注意：文字也可以作为图形信息处理，所以文字也可视为图像）。印刷质量包括两方面的内容：图像质量和文字质量。现将表达图像质量和文字质量的特征参数分述如下，这些质量特征参数既可作为质量评价的参数，也可作为质量管理中的目标参数。

（1）图像质量特征参数

图像质量特征参数包括阶调层次再现、颜色还原、高清晰度以及无龟纹等图形和表面特征。

印刷品阶调是指图像的密度范围或密度差别。印刷品层次系指在可复制的密度范围内，眼睛可识别的亮度级数。一般来讲，密度范围越大，阶调层次复制越好；反之则复制越差。影响阶调层次复制的因素很多，如原稿的阶调值、制作底片和印版时的工艺过程、纸张、油墨、印刷机性能等，都会对阶调复制产生影响。可以说，阶调层次复制贯穿于从原稿到印刷品复制的全过程。

颜色复制应掌握灰平衡。影响颜色复制质量的因素包括：原稿质量、分色质量、网点增大值、印刷油墨质量等，另外还包括从原稿转换成印刷品和色彩转换造成的色差以及视觉和心理的影响等。

印刷品清晰度一般指相邻细部的色调差别。在整体画面协调的前提下，相邻细部的色调差别越明显，则印刷品清晰度越好。原稿质量好、清晰度高，才能得到好的印刷品。分色质量和尺寸的准确性、拼版的准确性、加网线数、印刷适性、套准精度、网点增大值和相对反差等都是影响质量的因素。

龟纹、条痕、水迹、墨斑等都会影响印刷品外观质量。

印刷图像的表面特性包括光泽度、纹理和平整度。对光泽度的要求依据原稿性质与印刷图像的最终用途而定。一般来说，复制照相原稿时，使用高光泽的纸张效果较好。在实际印刷中，有时需要使用亮油来增强主体图像的光泽。光泽度高会降低表面的光散射，从而增强色彩饱和度与明暗度。然而，用高光泽的纸张来复制水彩画或铅笔画时，效果并不理想，而使用非涂料纸或者无光涂料纸却可以产生较好的复制效果。纸张的纹理会在某种程度上损坏图像，通常应避免使用有纹理的纸张来复制照相原稿。

（2）文字质量特征参数

最佳文字质量的定义非常明确，即字迹不糊、无缺笔断画、斑点、滋墨等缺陷。

文字的密度应符合标准要求。文字的密度受印刷墨层厚度的限制。在涂料纸上，黑墨的最大密度约为 1.50 ~ 1.70；而在非涂料纸上，黑墨的最大密度约为 1.20 ~ 1.40。

笔画和字面的宽度应该同设计人员绘制的原始字体相一致。字体的笔画与字面宽度也受墨层厚度的影响。墨层比较厚的时候，产生的变形就会比较大，在一定的墨层厚度条件下，小号字产生的变形要比大号字产生的变形明显得多。为了获得最佳的复制效果，笔画宽度的变化应该保持在字体设计人员或制造人员所定规范的 5%以内；字符尺寸应保持在原稿规范的 0.025 ~ 0.050mm 以内。

4. 印刷环保质量

印刷环保质量主要包括对无机污染残留物的检测和有机溶剂残留物的检测。

（五）印刷质量检测的意义

在印刷向多色、高速、环保方向发展的今天，人们对印品质量和印刷效率也有更高的要求，而提高印刷质量、印刷效率和印刷安全的有效途径之一就是实施检测。随着经济改革的不断发展，特别是市场竞争越来越激烈，印刷厂面临严峻的挑战，客户对产品要求越来越高，印刷业已步入微利时代。在这种情况下，企业求生存和发展就必须要提高自身的素质和经济效益，归根结底就是要提高质量，降低消耗，清洁生产。印刷品质量和印刷品安全对一个企业来说，可综合反映其管理、技术和人员素质水平。提高产品质量就是提高企业的信誉度，增强其市场竞争能力。

印刷质量数据化和规范化控制是印刷质量控制的定量化标准，是建立在数据化、规范化的基础上的。只有在科学数据定量化的管理控制下的生产，才能获得最佳的印刷质量。科学数据是进行统计、计算、科学研究、工程设计等工作的依据。印刷质量的数据化和规范化，是指印刷图文复制的整个工艺过程中，所有的工序流程各个阶段都应按照一定的程序进行操作，在一切可以用数据表示的部位，都应通过测试方法检测并记录下各种条件下的数据，将这些数据归纳出能够指导生产规律的公式、曲线、图表等，并用这些数据、曲线制定出各工序的操作规范。

要实现印刷质量的数据化和规范化操作，最重要的前提条件是：必须要稳定印刷生产中的各种可变因素，使其变化波动范围能控制在最小值；对印刷过程中各个工序流程的特点要有详细的了解，找出各工序相互之间的规律和关系。

质量是企业的生命，是企业在社会市场经济条件下得以生存和发展的最基本要素之一，也是企业的核心竞争力之一。同时它也直接反映了企业的技术及管理水平。印刷企业要求得生存与发展，就必须要强化印刷质量控制与管理，必须全面、深入、持久地开展印刷质量控制与管理活动，使企业的产品具有设计新颖、印刷精美、色彩鲜艳、装帧美观而获得人们的喜爱和满意，同时通过优质的品质和服务，提升企业的核心竞争力，从而确立品牌优势，赢得市场份额，扩大市场占有率。质量检测具体意义如下：

①印刷质量检测是印刷质量管理向数据化、规范化和标准化方向发展的必然需要。印刷质量管理由定性为主发展为定量为主，必然要求印刷质量要有数据和规范标准来表征其优劣，印刷质量检测是顺理成章之事。

②印刷质量既要上乘，又要稳定，印刷质量检测是重要前提，它必然要求：操作要规范，仪器和测试项目要统一，规范标准要科学，管理要严格，操作人员的素质要提高。

③印刷质量检测是沟通客户与印刷企业之间业务交往的重要环节，它使印刷质量的评价以客观评价为主，主观评价为辅，减少了随意性。

④印刷要和国际先进水平接轨，必然要求实施印刷质量检测数据化、规范化和标准化，才能使印刷质量要求可操作性强，重复性好。

⑤通过对一系列印刷质量数据的测定、分析和归纳，找出印前（制版）和印刷两大工序之间的联系和规律，以确定评价印刷质量的规范标准，为稳定和提高印刷质量创造良好条件。

⑥使整个印刷工艺流程的上下工序职责分明，衔接紧密，既提高工作效率又避免相互推诿，使企业的全面质量管理上一个新台阶。

⑦在生产中，对印刷质量及时进行数据测定和分析，以便迅速而准确地找出和解决影响印刷质量的关键因素，使损耗大幅下降，降低成本，提高经济效益。

⑧由此得到的大量数据资料，为实现印刷质量的电脑测算，进而发展和使用智能化的印刷设备打下基础。

二、印刷品的特征

（一）凸版印刷

凸版印刷是用图文部分高于非图文部分的印版进行印刷的方式。分为直接凸版印刷和间接凸版印刷。

凸版印刷还可分为刚性凸版印刷和柔性凸版印刷，凸版印刷时版面存在不可压缩变形的印刷是刚性凸版印刷，凸版印刷时版面存在可压缩变形的印刷是柔性凸版印刷。刚性凸版主要是铅版、锌版、铜版等。柔性凸版主要是橡皮凸版、固体（或液体）感光树脂凸版等。凸版图文部分总高于空白部分，凸版印刷印版图文部分与空白部分存在高度差，刚性高度差一般为 0.45 ~ 0.5 mm，在大面积空白部分处，则比图文部分低 0.5 ~ 1.0 mm。对于柔性凸版来说，高度差通常要 1.5 mm 左右才能在印刷时空白部分不着墨，并和承印物不接触。

凸版印刷品印刷墨层厚度一般为 4 ~ 7μm。

凸版印刷多数采用直接印刷的方式，印刷压力大，印刷时只有图文部分承受压力，空白部分不承受压力。因此，质次（平整度较差、含水量不太均匀）的承印物也能印刷。

凸版印刷品特征是图文边缘存在印刷压力突变。因此，印迹墨层在图文和空白的交界处产生“边缘效应”。在承印物吸墨性不太强时，边缘效应尤为明显。如图 1-1（彩图 1）所示。

（a）

（b）

（c）

图 1-1　凸版印刷产品特征

刚性凸版印刷时，往往使承印物背面出现图文边缘的压痕迹，尤其是垫版未垫平或压力偏大时。柔性凸版印刷不存在这种现象。

柔性版印刷已经成为凸版印刷的主要部分。柔性版印刷其使用具有弹性的浮凸印版，印版可粘在可变长度的印版滚筒上或使用套筒印版，印版由网纹辊施墨，网纹辊由墨斗辊或刮墨刀控制给墨量，将液体油墨印到承印物上。目前，柔性版印刷在工业发达国家已成为仅次于平版印刷的第二大印刷方式。柔性版印刷的承印物广泛，从塑料薄膜到瓦楞纸都可以使用柔性版印刷。相对于凹版印刷，柔印价格便宜，生产周期短，同时可以使用多种印刷油墨，如醇基、水基、UV 型油墨等，特别是包装产品，使用水性油墨无污染，利于环保和安全，且油墨中的连结料对承印物有很好的附着力。柔印不仅适合各种承印物，而且墨色厚实，适合大面积实地印刷。

（二）平版印刷

平版印刷的主要特征是其印版的印刷部分和空白部分几乎处于同一平面上，利用各物质表面能大小，使空白部分先吸附润湿液，图文部分选择性吸附油墨，通过橡皮布传递将油墨转移到承印物表面上。

平版印刷的印版分为石版、珂罗版、蛋白版、手工版、PVA 树脂平凹版、多层金属版、纸基平版、PS（预涂感光平版）版、无水平版 。其中 前八个均为有水平版 。

平版印刷印版图文部分与空白部分高度差甚微，一般只有 3 ~ 8μm。平版按图文与空白部分二者高低分为平凹版和平凸版两大类。其中平凸版图文部分略高于空白部分，如：蛋白版（阴图版），高差 3 ~ 5μm ；PS 版（阳图或阴图），高差 3μm 左右；多层金属版图文部分的镀铜层高于空白部分的镀铬层约 4 ~ 6μm。另外平凹版，图文部分略低于空白部分。如：多层金属版，图文部分的镀铜低于空白部分的镀铬层 1.5μm；PVA 平凹版（又称聚乙烯醇树脂平凹版），图文略低于空白部分 5 ~ 8μm。

平版印刷大多数采用间接印刷的方式，平版印刷油墨采用橡皮布转移，整个印刷压力较小，而且不分图文部分和空白部分均存在印刷压力。因此，对承印物的要求比凸版印刷高（尤其是平整度、表面强度、含水量及均匀度），否则极易拱皱。如图 1-2（彩图 2）所示。

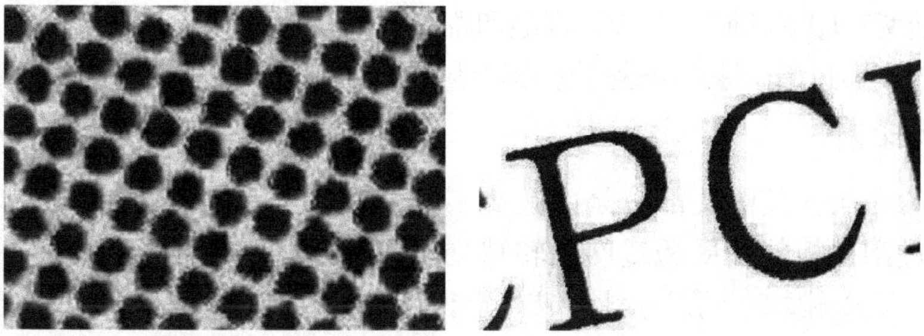

（a）　　　　　　　　（b）

图 1-2　平版印刷产品特征

平版印刷大多数采用有水印刷的方式。平版印刷品不存在边缘效应，图文中心部位与边缘处墨层均匀程度比凸印或凹印好。平版印刷复制的层次较为丰富，色调柔和。但由于墨层厚度有限，故颜色不够深。另外，在印刷过程中，油墨在一定程度上乳化，导致印品表面墨层光泽度下降。平版印刷品印刷墨层厚度一般为 1 ~ 2μm，有时可达到 2.5μm。

（三）凹版印刷

凹版印刷与凸版印刷相反，凹版印刷的印版中图文部分低于空白部分，所有的空白部分都在一个平面上，图文部分的凹陷程度则随着图像深浅不同而变化，来呈现原稿上晕染多变的浓淡层次。如果图文部分凹进得深，填入的油墨量多，压印后承印物面上留下的墨层就厚；图文部分凹下得浅，所容纳的油墨量少，压印后在承印物面上留下的墨层就薄。印版墨量的多少和原稿图文的明暗层次相对应。印刷时，先使印版滚筒浸没在墨槽中或用传墨辊转动，使凹下的图文部分内充满油墨，然后用刮墨刀刮去附着在空白部分的油墨，而填充在凹陷的空穴中的油墨，在适当的印刷压力下，被转移到承印物表面。或者采用喷淋的方式，将油墨喷洒到印版表面，用特制的刮墨刀将印版空白部分的油墨刮净，在压力的作用下将图文部分的油墨转移到承印物上。

凹版图文部分总低于非图文部分。高差为 25 ~ 35μm，最深达 65μm。

凹版印刷往往采用直接印刷方式，故印版图文和凸版一样，也是反向的。

印刷时，不分图文部分和空白部分，均存在印刷压力。印迹中心部位的油墨转移比边缘困难（中心处压力稍小些）。因此，网穴中心密度一般比边缘浅一些。文字有锯齿形，大面积图文处有网墙。如图 1-3（彩图 3）所示。

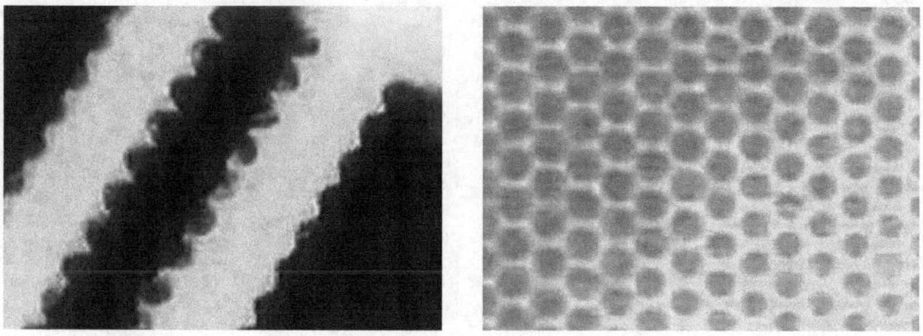

（a）　　　　　　　　（b）

图 1-3　凹版印刷产品特征

凹版印刷油墨的流动性能通常比平印或刚性凸印油墨好，并以溶剂挥发型干燥为主。凹印墨层厚度比前两种印刷的厚。凹版印刷品印刷墨层厚度比较大，一般为 12 ~ 15μm（最多达 20μm）。凹版印刷通过墨层厚度来表现色彩浓淡，因此色彩丰富，色调浓厚，层次表现力极强。

（四）丝网印刷

丝网印刷的印版，其图文部分是由大小不同或数量不等的网孔组成。印刷时油墨涂敷在丝网上，通过刮墨板使油墨透过网孔转移到承印物上。丝网印版通常由具有网孔而富有弹性、抗溶剂性好又耐磨的薄层材料构成 。空白部分的网孔被感光硬化了的感光胶膜遮盖，图文部分的网孔畅通无阻，使油墨顺利通过。丝网印刷一般采用直接印刷的方法，由于印迹墨层是从网孔中穿过而转到承印物上的。故印版上图文和原稿上一样是正向的。丝网印刷品印刷墨层厚度大，一般为 100μm 左右。

丝网印刷图文边缘有与网孔大小相当的锯齿形边缘，丝网印刷的网点也有锯齿形边缘，如图 1-3（a）所示。丝网印刷时，不分图文部分和空白部分全面受压。丝网印刷产品墨层较厚，印刷品上的图文略微凸起，不仅有立体感而且层次丰富。同时可以在平面或曲面上印刷。

（五）静电印刷

①静电印刷其像素的特点是：像素（点、线、面）的边缘总有细小的同色墨粉点，其外观形象如同用铁粉末所显现的磁力线那样。

②上述特征只有采用静电墨（电子墨）代替墨粉的静电印刷除外（例如 Indigo），后者的像素与平版胶印的像素十分相似。如图 1-4 所示。

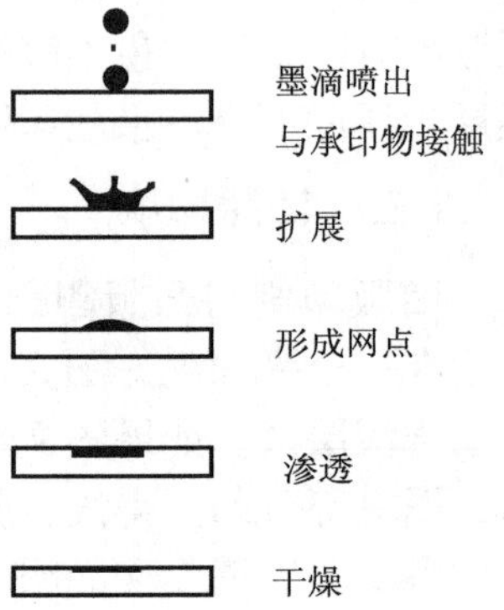

图 1-4　静电印刷产品特征示意图

（六）喷墨印刷

①喷墨印刷的像素以调频点为主。

②喷墨印刷的像素边缘有偏深的轮廓，但不同于凸版印刷的“边缘效应”，而如同滴在玻璃上，而后自然风干的墨水（滴）的痕迹那样。

③水性喷墨的印刷品如果承印物较薄时，背面往往有“透印”的痕迹。其印迹接触水就会化开。如图 1-5 所示。

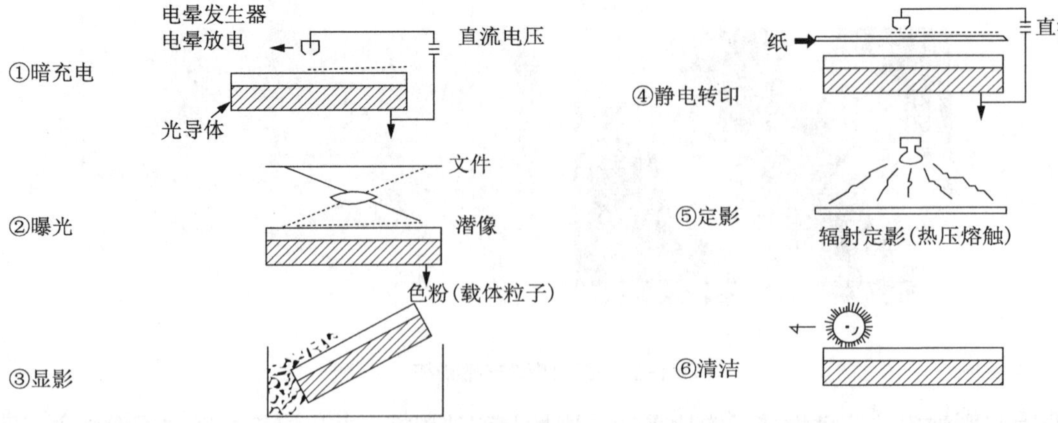

图 1-5　喷墨印刷产品特征示意图

情境二 印刷品质量测控条的分类和作用

教学目标

使用印刷品质量测控条，可实现对印刷工艺的规范化管理和操作。根据印刷质量测控条所能提供的印刷质量信息的档次，可分为信号条和测控条两大类。本情境主要讲解测控条的分类、作用、控制原理，帮助学习者了解和使用印刷测控条。

能力目标

1．学会使用 GATF 星标、布鲁纳尔测控条控制印刷质量；

2．学会设置印刷质量测控条。

知识目标

1．掌握印刷品质量测控条的分类、控制原理；

2．了解印刷生产常用的测控条的使用方法；

3．掌握如何利用测控条检验网目调印刷品的质量；

4．了解印刷质量测控条的设置方法。

一、测控条的概念和分类

（一）基本概念

在国家标准 GB/T 18720—2002《印刷技术——印刷测控条的应用》中，对印刷质量测控条定义如下。

①控制段：供印刷检验用的，由一个或多个图形单元组成的平面图标。按照工艺过程可分为晒版控制段和印刷控制段。控制段可排列成单色或多色使用。

②连续调控制块：平面的控制块，是一个无级的密度连续结构。连续调控制块可以是有一定密度、无变化或渐变的阶调。具有梯级密度变化的连续调控制块称为连续调梯尺，如图 2-1（彩图 4）所示。

图 2-1　印刷质量测控条中的连续调控制块

③实地控制块：具有最高光学密度（最低亮度）的控制块。在多色印刷和检查图像时，可区分为单一印刷的实地块和叠印实地块，叠印实地块的作用是检查叠印的受墨能力和叠印效果，如图 2-2（彩图 5）所示。

图 2-2　印刷质量测控条中的实地控制块

④空白控制块：具有工艺上限定的最低光学密度（最高亮度）的控制块。

⑤网目调控制段：具有不同网点结构的控制块，它包括统一类型的图像成分。网目调控制段应有统一的网目调阶调值或渐变的阶调值。具有梯级变化的网目阶调值被称为网点梯尺，如图 2-3 所示。

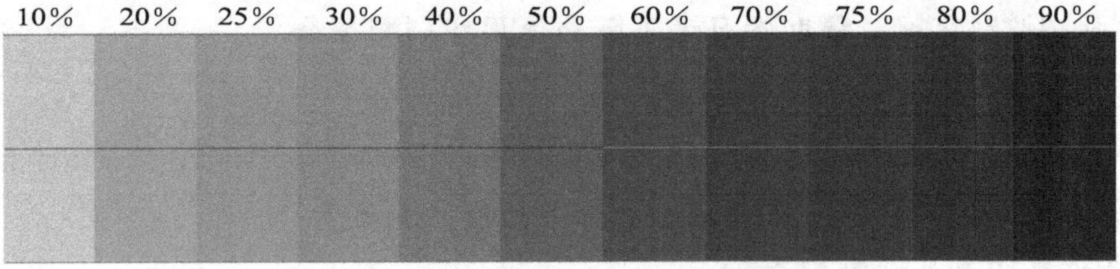

图 2-3　印刷质量测控条中的网目调控制块

⑥圆网点控制块：由一组圆形网点组成的网目调控制块。

⑦灰平衡控制块：用于检测打样和印刷灰平衡的网点控制块，它是由三原色的网点按照灰平衡条件构成的，如图 2-4（彩图 6）所示。

图 2-4　印刷质量测控条中的灰平衡控制块

⑧线条控制块：由线条组成的控制块。根据线条的宽度、距离和角度不同，可在控制块上排列成不同的线条，如图 2-5 所示。

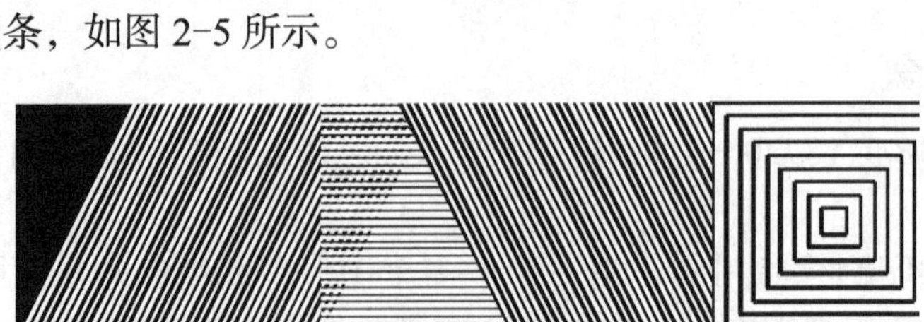

图 2-5　印刷质量测控条中的线条控制块

⑨微线条控制块：由细微线条组成的控制块，排列有不同宽度的精细线条，可用于目

测评价。

⑩检标：为确定位置和检查用的标志或测标。规矩线、套准标、游标尺、折线和裁标都属于检标，如图 2-6 所示。

⑪ 测控条：一维排列的控制块。由若干已知区、段测试单元（块）和信号块组成，是供目测、测量、计算、鉴定使用的检验印刷品质量的工具。

⑫控制图：供检测用的单色或多色图像如图 2-7 所示（彩图 7）。

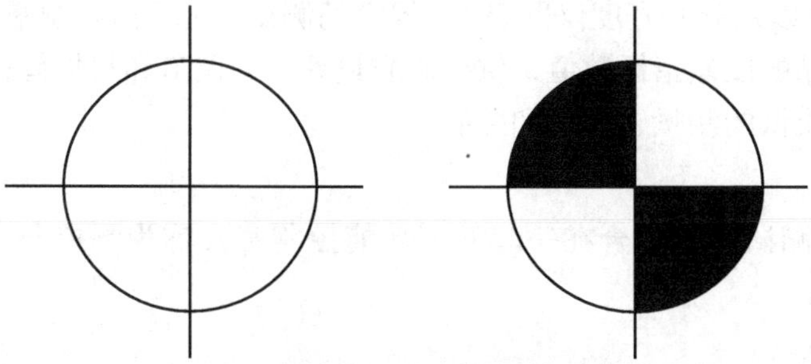

图 2-6　印刷质量测控条中常用的检标

图 2-7　印刷质量检测用的控制图

（二）印刷质量测控条的使用与目的

根据国家标准 GB/T 18720—2002 的规定，印刷品质量测控条适用于：①网目调印刷和无网印刷；②单色和多色印刷；③平版印刷的印版制作、打样、印刷和图像检验。

凹版印刷、凸版印刷（含柔性版印刷）及网版印刷可参照使用。

图像复制虽然有特定的规律，但由于所有图像的色调都是随机的，每个图像的亮、中、暗调都是任意分布的，因此视觉判断的局限性很大。为了控制和提高印刷品的复制质量，通过使用已知特定面积、不同几何形状的图形组成的平面测试图标，配以印刷质量仪器测试和视觉判断来检验和监控拷贝、晒版、打样和印刷时的图文信息转移的质量情况，从而达到检测和控制印刷复制品质量的目的。

使用印刷质量测控条，可实现对印刷工艺的规范化管理和操作。因此，印刷质量测控条的使用可达到如下目的：①控制晒版质量；②确保印刷品质量均匀一致，控制误差值在允许范围内；③缩小打样与正式印刷的差别。

（三）印刷质量测控条的分类

根据印刷质量测控条所能提供的印刷质量信息的档次，可分为信号条与测试条和测控条两大类。

1. 信号条

信号条主要用于视觉评价，功能较为单一，只能反映印刷品外观质量信息。信号条是由若干信号块构成，能及时反映印刷时的网点变化，如增大与缩小、轴向重影或周向重影、套印精度以及晒版时的曝光不足或过量，印版的分辨力等情况。为印刷质量的控制与管理提供客观标准。信号条的使用具有以下特点：

①使用一般放大镜或用眼睛观察，就能及时察觉印刷品质量问题，无须使用专门的仪器设备。

②印刷信号条使用方便、容易掌握，结构简单，应用成本低。

③信号条只能定性地提供印刷品质量信息，无法提供精确的质量指标数据。

2. **测试条**

测试条是用网点、线条和实地等已知特定面积的各种几何图形组成的测标来测控印刷品质量的工具。测试条不仅具有信号条的功能，还能通过专门的仪器设备（有刻度的高倍率放大镜、带偏振光学器件的彩色密度仪以及分光光度仪器等）在规定的测试单元上进行测量，得出的数据经过专用公式计算出印刷品的质量指标数值，供印刷质量评判、调节和数据储存之用。测试条适用于高档次产品印刷质量的测量、评价和控制。

3. **测控条**

把信号条和测试条的视觉评价和测试单元组合在一起的多功能控制工具称为测控条。印刷质量测控条的构成和功能见表 2-1。

表 2-1　印刷质量测控条的构成和功能

印刷质量测控条的构成	测试与控制功能
实地块	测试实地密度，控制墨层厚度
叠印实地块	检测叠印率，控制呈色效果
高光部分的网目调段	检测可再现的最低网目调阶调值
暗调部分的网目调段	检测可再现的最高网目调阶调值
粗、细网区色度对比区	检测和控制网点增大值
75% 或 80% 网目调区及相邻实地区	检测和控制相对反差
网目调段至少有 3 个不同阶调的范围及一个相邻的实地区	检测和控制阶调再现
不同方向排列的线条段或圆形线条段	检测网点变形（滑移等），控制重影

根据印刷方式和承担的任务不同，印刷质量测控条可选用不同的控制块，将其拼合成控制条或控制段。测控条或控制段上的控制块大小尺寸应为 6mm × 6mm，不能小于 5mm × 5mm。如供多色印刷使用印刷品质量测控条，控制块应一个接一个重复排列，控制块的排列顺序是：青 100%、品红 100%、黄 100%、黑 100%，青微线条块、青变形 / 重影块、青 40%、品红 40%、黄 40%、黑 40%，灰平衡控制块。

（四）印刷质量测控条的控制原理

印刷质量测控条的种类虽然很多，但控制原理是基本相同的，归纳起来主要有以下几点。

1. **网点面积增大与网点边缘的总长度成正比**

根据几何学的网点增大理论，网点面积增大是由于网点边缘部分均匀地向外扩展造成的，网目线数增加，网点边缘总长度随之增加。网线数越粗，单位面积上的网点数越少，单个网点的面积越大，总的网点的边缘长度越短，网点增大值越小；相反，网线数越细，单位面积上的网点数就越多，单个网点面积越小，总的网点边缘长度越长，网点增大值越大。积分密度值越高，印刷难度就越大。不同线数网点边缘长度是不同的，方形、圆形、链形、椭圆形网点虽略有区别，但规律相同。因此，加网线数应符合产品的需要合理设置，并非越细越好，如大幅面的海报，适合加粗网线印制。

布鲁纳尔测控条就是利用细网和粗网增量不同来测控印刷的网点增大。粗细网点面积总面积相等，细网线数为 60 线 / 厘米，粗网块为 10 线 / 厘米，两者网点总边缘长度比为 6 ∶ 1，即一个细网点周长是粗网点周长的 1/6，因此网点增大也要大 6 倍。在相同条件下，细网点增大值相对大，积分密度就高，因此以粗网点控制块密度为基准，取其粗、细网点密度之差即可求出印刷网点的增大值。这种简便、快速准确的方法很适用于印刷生产的现场管理和质量监控，如图 2-8 所示。

图 2-8 布鲁纳尔测控条中粗网点与细网点测试块示意图

2. 利用几何图形的面积相等、阴阳相反来测控网点的转移变化

网目调图像的复制是控制网点面积与空白面积的比例转移，利用已知阴阳面积相等的图形在实施过程中发出面积不等的信号，来控制、调整晒版和印刷过程的偏差。如布鲁纳尔测控条细网块中的等宽折线、阴阳网点结构，柯达 C—2 测控条中的阴阳图形等就起这个作用，如图 2-9 所示。

在晒版过程中，以阳图型 PS 版为例，若曝光过量，显影过度，就会出现线条变细，网点缩小现象；反之，就会出现线条变粗，网点增大，反映出阴阳面积不等的状态。正常的晒版应是等宽的阳线略细，等面积的网点略小。在晒版正确、印刷适性符合的前提下，当给墨量、印刷压力相对大时，也会出现线条变粗、网点增大、阴网点缩小、图像色调深暗现象；反之，则会出现线条相对细、网点相对小，图像色调淡薄、最小网点丢失现象。

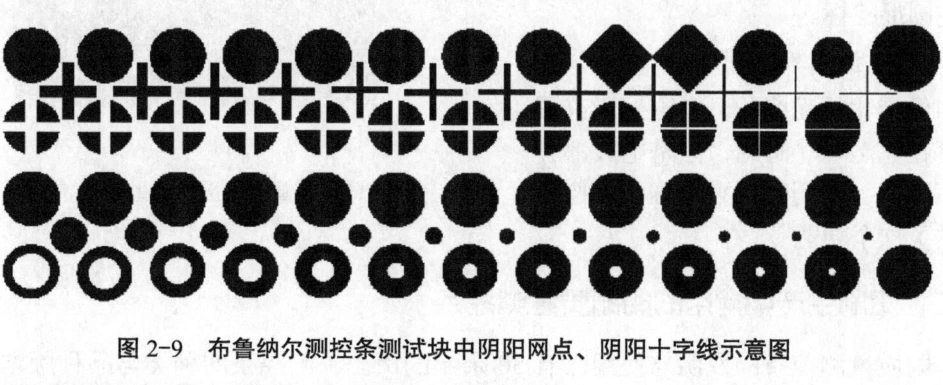

图 2-9 布鲁纳尔测控条测试块中阴阳网点、阴阳十字线示意图

3. 辐射状图形变化时，圆心变化明显于边缘

星标信号条中心为很小的白点，由 36 条黑白相等的辐射线组成。当辐射线增加一个单位，星标中心就增加 11.5 个单位，对顶连起来相当 23 个单位，即相当 23 倍。外圆

以直径1厘米计算，则圆周孤长相当于11.4线/厘米，而圆心处相当于500～1300线/厘米，有明显的放大作用。通过目测星标中心的白点和辐射线的变化，便可判断印刷过程中网点增大、网点变形、重影的状况（GATF星标如图2-10所示）。

图2-10　GATF星标在印刷过程中的重影状态示意图

4. 利用等宽或不等宽的折线测控水平和垂直方位的变化

在印刷过程中，当印刷机的传动、摆动、滚动出现不同步或振动时，可根据信号条上的状况进行判断和调整。GATF字码信号条的“SLUR”（由等宽横线和竖线组成，意为滑动重影）区段如图2-11所示。布鲁纳尔测控条用细网块的四角折线等测控水平和垂直方向的变化。

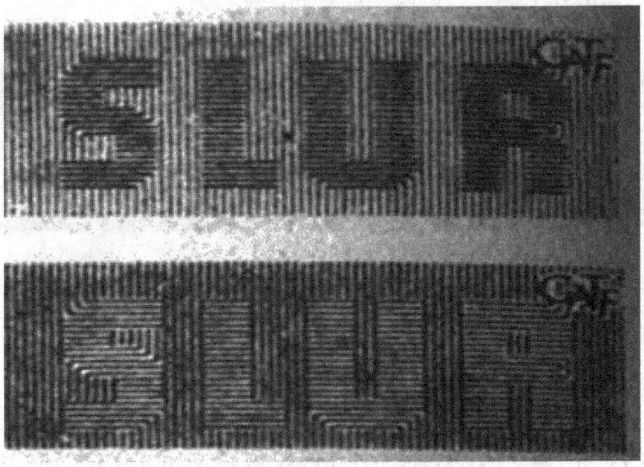

图2-11　GATF信号条“SLUR”控制部分示意图

5. 利用等距同心圆测控任意方位的变化

在符合条件与正态压力下，同心圆线条只有粗细变化，而无方位的变化。当印刷过程中发生方位移动时，线条就会沿移动方向变粗，甚至搭连，此时应该调整。如图2-12所示为格雷达格测控条的圆形检标。

正常

图2-12　格雷达格控制条的圆形检标示意图

6. 提供测试单元图形

图像变化是无穷的，理论上所有图像都存在亮、中、暗调，但是绝大部分图像不明显，给测试带来困难，测控条则提供了这个功能。

二、印刷生产中常用的印刷质量测控条

印刷质量测控条的发明与使用已有50余年的历史，测控条的种类与品种版本繁多，如表2-2所示。

表 2-2　印刷质量测控条（部分）的名称和研制单位及年代

序号	测控条名称	研制单位（或个人）	年份
1	GATF 星标	（美）GATF 美国印刷基金会	1961
2	UGRA-GRETAG PCW 晒版测控条	（瑞士）UGRA 瑞士印刷科学研究促进会 GRETAG 瑞士格雷达格公司	1962
3	LITHOS 100 POS 测控条	（美）Lito.Ire	1964
4	GATF 数码信号条	（美）GATF	1965
5	PDI 测控条	（美）PDI 美国印刷发展公司	1965
6	富士 PS 版晒版梯尺	（日）富士公司	1965
7	GATF 彩色密集型测控条	（美）GATF	1968
8	CCS 彩色测控条	（瑞士）GRETAG-UGRA	1968
9	布鲁纳尔（BRUNNER）第一代测控条	（瑞士）布鲁纳尔	1968
10	GRETAG-UGRA CMC 彩色测控系统	（瑞士）GRETAG-UGRA	1969
11	GATF 标准平版彩色印刷测控条	（美）GATF	1969
12	HARTMANN 哈德曼印刷测控条	（德）哈德曼	1969
13	UGRA-GRETAG PCW（1970） 晒版测控条	（瑞士）UGRA-GRETAG	1970
14	IGT 印刷适性监测版（IGT Amsterdam）	（荷兰）IGT 荷兰印刷技术研究所	1972
15	布鲁纳尔第二代测控条	（瑞士）布鲁纳尔	1973
16	KODAK（柯达）C-2 接触测控条	（美）柯达公司	1974
17	FOGRA.PMSI.PMSI/N.PMK 测控条	（德）FOGRA 德国印刷研究协会	1979
18	欧洲标准胶印测控条	（美）杜邦 DUPONT- 布鲁纳尔	1979
19	GRETAG-CMS2 彩色测控条	（瑞士）GRETAG	1980
20	FOGRA.PMS. 彩色印刷测控条	（德）FOGRA	1980
21	MAN.ROLAND CCI 印刷测控条	布鲁纳尔·曼罗兰	1980
22	FOGRA PMS-Z 报纸测控条	（德）FOGRA	1980
23	FOGRA 印刷测控条	（德）FOGRA	1980
24	布鲁纳尔第三代测控条	（瑞士）布鲁纳尔	1981
25	欧洲报纸印刷标准测控条	（瑞士）布鲁纳尔	1982
26	欧洲报纸印刷标准彩色测控条	（瑞士）布鲁纳尔	1982
27	UGRA 胶印测控条（1982）	（瑞士）UGRA	1982
28	KMS 晒版测控条	格哈德·维尔纳	1984
29	DMS 新型印刷测控条	格哈德·维尔纳	1984
30	GATF/FOGRA（MDGS）中间调网点增大梯尺	GATF-FOGRA	1986
31	GATF Color Communicator 色彩测控条	（美）GATF	1986
32	GY-S 平印控制检测系统	中国印刷科学技术研究所	1988
33	Post Script 数字化印刷测试条	UGRA-FOGRA	1994
34	海德堡 CPC 系统彩色印刷测试条	（德）HEIDELBERG	1995
35	柯达用于分色胶片、印版检测的测试条	Kodak	1999
36	IT8.7/4 用于色彩管理的测试条	Icc	2005

（一）GATF 星标

1. GATF 星标的功能

GATF 星标也称星纹圆标信号条，其功能是：可检测印刷中出现的网点增大、糊版、花版、重影、网点变形等变化，还可检测印版的解像力。

2. GATF 星标的结构

在直径 10mm 的圆内，对称布置了 36 条黑色楔形线和 36 条白色楔形线。星标的中心是直径为 1mm 的小白圆点（所谓白色，即为承印物的本色，在胶片上即为透明的），如图 2-13 所示。

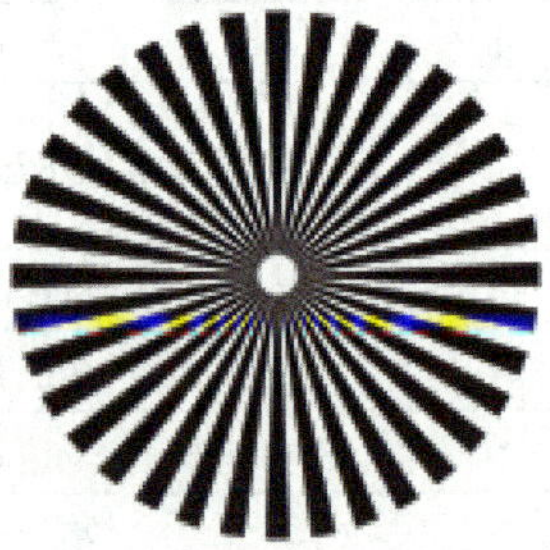

图 2-13　GATF 星标示意图

3. GATF 星标的控制原理

星标的放大作用是由特殊设计的几何图形决定的。当印刷中发生网点增大或重影时，楔形线就会如图 2-14 所示的那样，产生各向等量的或定向等量的扩张宽度 K。

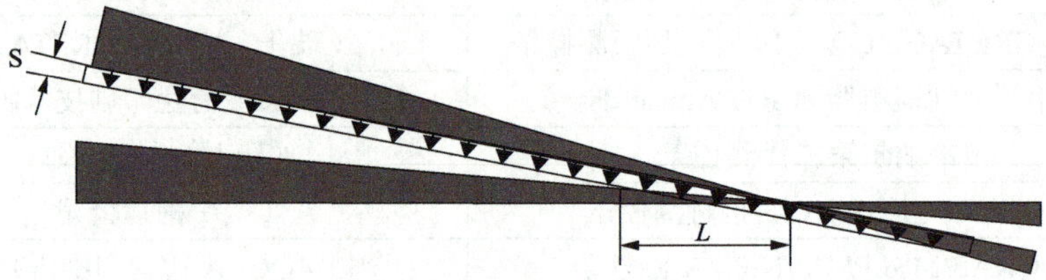

图 2-14　星标楔形线缩放变形示意图

楔形线如同粗细线数不同的网点，楔尖是最细的网点，楔尾是最粗的网点，在等量的扩张宽度 K 作用下，白楔形线缩小，黑楔形线扩大，显然，在楔尖集中的圆心部位，反映最灵敏。L 段增大（网点增大）、圆心处变黑；或 L 段变空白（网点缩小）、圆心处变白。

例如，网点在半径方向上增量为 0.0125mm（直径上的增量为 0.025mm），这样每条黑楔形线的两侧加粗量也为 0.025mm，那么反映在星标中心是产生直径为 $2L$ 的黑圆。这是因为：每条白楔形线或黑楔形线所对应的圆心角均为 5°，即：

360°/（36+36）=360°/72=5°

星标直径为 10mm，其外圆周长为：

$2\times3.1416\times R=3.1416\times D=31.416$（mm）

每条楔形线在圆周上（最外圆直径 10mm）单向所占弧长为：

$3.1416\times D/72=0.436332313$（mm）

若印刷网点（圆形网点）在直径方向的扩展增量为 0.025mm，则意味着每根黑楔形线加粗量也是 0.025mm（每边单向扩展出 0.0125mm）。换言之，就是楔形线处原为 0.025mm 的白缝隙将被油墨铺展，在星标中心形成半径为 L 的圆心被油墨铺展的大网点。根据相似形的规律有：（$3.1416\times D$）$/72/R=0.025/R$，其中 R=5mm，$D=2R$=10mm（R 为星标半径），$L=0.025\times R\times72/3.1416\times D$=0.286478897mm。在星标中心产生直径为

$2L$ = 0.573mm 的油墨色圆点，这种集合图形设计使星标具有 $2L/0.025=22.9183118\approx 23$，近似为 23 倍的放大作用。

4. GATF 星标的应用

GATF 星标自 1961 年开始使用，至今仍与各种新信号条配合应用。星标是圆形图案，正中是一个白的小圆点，连接着圆点的有 36 条黑色放射线，以相等宽度呈辐射形排列于圆圈内，构成信号测控标志。在打样和印刷中，主要用来检测网点增大、重影、变形等情况，还能用来测定印版的解像力。

星标有阳图型和阴图型两种，晒在打样版或印版边缘，即印刷在纸张拖梢的空白处。如果纸张空白面积有限的话，可以把星标的直径缩小至 0.635cm 。印刷后，通过目测或放大镜检查印刷品上星标图案的中心部位的印墨情况，即可获知网点增大和网点变形的情况。

按照星标结构排列的形式，当楔形成等量扩大或缩小时，都能非常敏感地反映出来，特别在楔尖部位集中的圆心处反映出来。

利用 GATF 星标控制着墨量，可以确保印品墨色达到质量要求。当网点在没有变形、重影且给墨量适中的情况下，星标的中间呈小白圆点。当版面受墨量过多时，星标中心出现黑圈，黑圈越大，表明墨量越多。反之，如版面墨量不足，则星标中心的空白圈扩大，网点缩小。若网点产生横向变形，中心的黑圈就向纵向扩展成椭圆形；如网点产生纵向变形，星标中心的黑圈就向横向扩展呈椭圆形。如网点出现重影，则星标的中央部分消失，残缺的轮廓就出现“8”字形。“8”字形横向扩大，为产生纵向重影；如“8”字形纵向扩展，就呈现横向重影。如星标中央产生黑圆圈状时，则表明版面墨量过大，如图 2-15 所示。

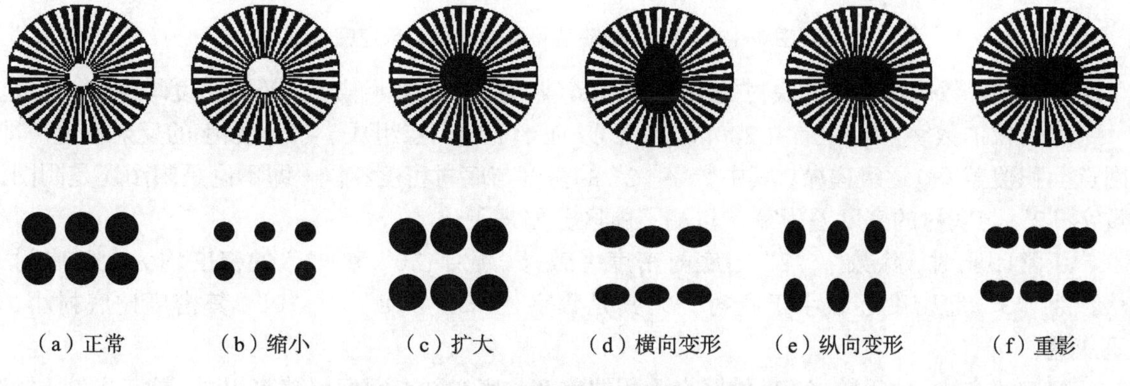

图 2-15　GATF 星标的信号段变形示意图

采用星标进行印刷，把印刷变化的状态通过星标放大显示，可以很快检测出印刷出现的不良状态，从而及时加以调整。使用 GATF 星标判断印刷品的精确度很高，但在控制印刷品质量上还不能控制网点的增大范围，不能准确地检验出印刷品的网点阶调。因此 GATF 星标一般不单独使用，而是与测控条配合使用。

（二）GATF 数码信号条

GATF 数码信号条与 GATF 星标配合使用。如图 2-16 所示。

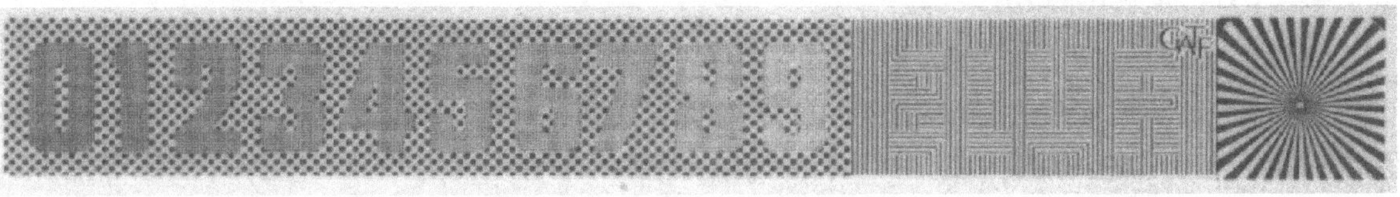

图 2-16　GATF 数码信号条示意图

1. GATF 数码信号条的功能

GATF 数码信号条是根据印刷过程中细网点的变化与粗网点的对比，用目测检验网点的增大情况，来控制印刷品质量。GATF 数码信号条分有阴图型和阳图型两种，可放置在胶片或纸张拖梢空白处，供拷贝、晒版、打样和印刷过程中检测网点增大或缩小等网点变化情况。

2. GATF 数码信号条的结构

GATF 数码信号条由检测网点增大和网点定向增大（重影）两部分组成：

（1）第一部分

检测印刷网点增大段部分，由底衬和数字（0 ~ 9）所组成（图 2-17）。

图 2-17　GATF 数码信号条数字检测示意图

① GATF 数码信号条的底衬是由 65 lpi（26 线 / 厘米）的粗网点（大小和密度均一致）构成。

②阿拉伯数字 0 ~ 9 是由 200lpi（80 线 / 厘米）的网点组成。10 个数字的反射密度（即网点面积覆盖率）逐级递减，其中数字“2”的密度与底衬密度相同（即不论是阳图还是阴图，数字“2”与底衬的密度差为零，目测不能区分出来）。

正常印刷时，除数字“2”与底衬密度一致外，数字“0”和“1”的密度均为大于底衬，从数字“3”起密度逐级小于底衬，尤其是数字“7”、“8”、“9”其密度比底衬小，呈灰色。

③判读方法。由于数字“2”的网点面积覆盖率与底衬网点面积覆盖率相同，数字“0”~“2”的网点面积覆盖率逐级递减3% ~ 5%，数字“2”~“7”的网点面积覆盖率逐级递减3% ~ 5%，数字“7”~“9”的网点面积覆盖率逐级递减 5%以上。因此，如数字“5”的密度与底衬相同时，表明网点增大了近 15%；数字“8”的密度与底衬一致时，表明网点增大了 30%以上；数字“0”的密度与底衬一致时，说明网点缩小了近 10%。

（2）第二部分

检测印刷变形段部分，由底衬与英文字母所组成，如图 2-18 所示。

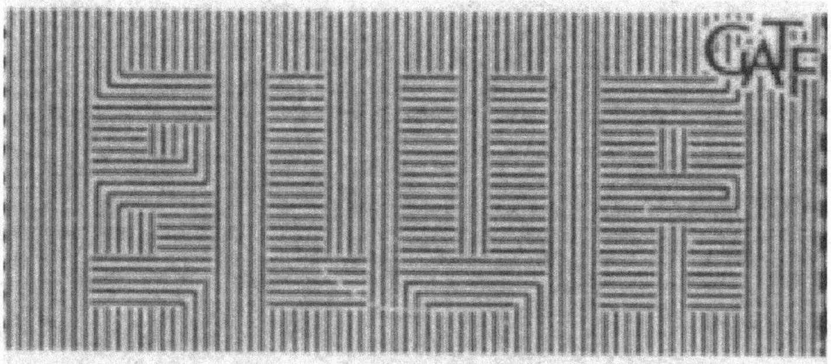

图 2-18　GATF 数码信号条字母检测示意图

GAFF 数码信号条的右侧英文字母“SLUR”是网点定向增大（重影）的意思，英文字母由水平横线组成，底衬由垂直竖线组成。横线与竖线粗细相同，密度相等。正常印刷时，竖线与横线密度相同，字母“SLUR”看不见。

印刷过程中如发生轴向重影，就使由竖线组成的底衬密度大于由水平横线组成的英文字母“SLUR”的密度。如果出现周向重影，就使由水平横线组成的英文字母“SLUR”的密度大于由竖线组成的底衬密度。

3. 用 GATF 数码信号条检测晒版和印刷品质量

GAFF 数码信号条由 200lpi 网点拍摄制成，共有 10 级，每级密度不同，以 0 ~ 9 的数码形式表示，这些数码嵌入 65lpi 网点的均匀底色中。无论阴图型还是阳图型，数字 2 的密度与底色密度相同，以此来观测数字与底色的密度差别，控制网点增大、变形或重影等。数码大，表示网点增大量多，如 1 ~ 7 的数字，每级网点增大 3% ~ 5%；7 ~ 9 的数字，每级网点增大 5%以上。在数码的右边有一段用粗细和密度相等的横竖线组成的信号，横线组成“SLUR”，竖线组成底色，用以检验印刷变形、重影。印刷正常时，横线与竖线区达到相等密度，“SLUR”就看不出来。当印刷发生变形时，竖线与横线的密度就会不同，“SLUR”就会比底色深或浅。印刷压力过大时，发生双影，“SLUR”也会显出来。如果用放大镜看，可以发现双重网点，这时与网点变形有所区别，如与星标相结合，就看得更清楚。

晒版时，只要看数码，就可得知曝光是否正常。数码“2”与底色一致时，表明正常。如果数字移动一级，晒阳图版则显示曝光过度或接触不良，从而导致网点变小。

使用该信号条时，应该在正常印刷状态下印出信号条，确定其信号条上处于底色和数码一致的级数，作为印刷网点再现的控制标准。通常情况下，铜版纸印刷一般控制在数码 4 ~ 7 之间，表面粗糙的纸张印刷一般控制在 1 ~ 2 之间，如表 2-3 所示。

表 2-3　GATF 数码信号条的应用

检测项目	信号条内变化情况	分析说明
检查印版	晒版正常数码 2 与底色密度一致	如数字移动一级，晒阳图版则表示曝光过度或与底版接触不良等使网点变小
印刷正常	水平线与垂直线密度相同，SLUR 字母不能分辨	印刷不正常则出现水平线或垂直线变粗现象

续表

检测项目	信号条内变化情况	分析说明
印刷网点增大	数字与底色密度平衡向着大数字移动	表明图文墨量增多，网点增大越大，数码信号条数字级数越高
印刷网点缩小	数字与底色密度平衡向着小数字移动	网点缩小越多，数码信号条数字级数小
滚筒径向发生双影或变形	水平线组成的 SLUR 字母明显色深且粗，垂直线基本不变	印刷压力过大或网点出现双影及变形
滚筒横向发生双影或变形	垂直线组成的 SLUR 字母明显色深且粗，水平线基本不变	说明滚筒轴向发生双影或变形

（三）3M 公司彩色印刷质量测控条

3M 公司彩色印刷测控条（用于阳图 PS 版）如图 2-19（彩图 8）所示。

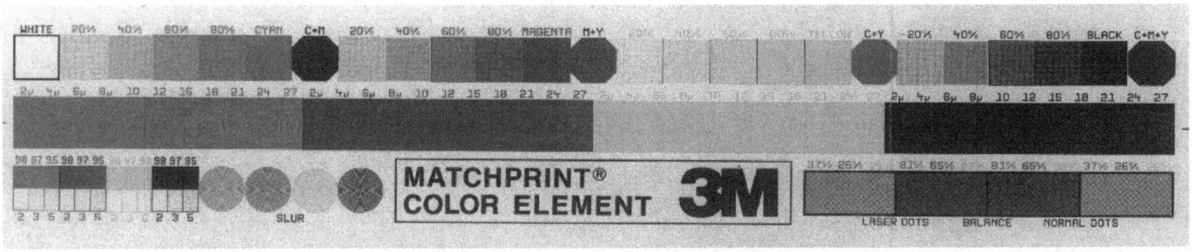

图 2-19　3M 公司彩色印刷测控条

测控条从左到右、从上到下各测控单元的功能如下：

①由黑线框成的 6mm × 6mm 正方形内，无任何印刷油墨覆盖，是承印物本色。

② 6mm × 6mm 的正方形连续 5 个，分别是青墨的 20%、40%、60%、80% 圆网点和 100% 实地块（网点线数为 60 线 / 厘米）。

③八角形的间色（青 + 品红）蓝紫实地块。

④ 6mm × 6mm 的正方形连续 5 个，分别是品红墨的 20%、40%、60%、80% 圆网点和 100% 实地块（网点线数为 60 线 / 厘米）。

⑤八角形的间色（品红 + 黄）红实地块。

⑥ 6mm × 6mm 的正方形连续 5 个，分别是黄墨的 20%、40%、60%、80% 圆网点和 100% 实地块（网点线数为 60 线 / 厘米）。

⑦八角形的间色（青 + 黄）绿实地块。

⑧ 6mm × 6mm 的正方形连续 5 个，分别是黑墨的 20%、40%、60%、80% 圆网点和 100% 实地块（网点线数为 60 线 / 厘米）。

⑨八角形的复色（青 + 品红 + 黄）绿实地块。

上述各单色的网点测试块用于检测网点增大值，其中 80% 的网点测试块又能检测印刷反差值。各个单色实地测试块用于检测实地密度。八角形的间色实地块与复色实地块用于测量并计算两色叠印与三色叠印的叠印率。

⑩为青、品红、黄、黑四组测试块，每组有 11 个长方形色块，每个长方形（3mm × 7mm）

内由相互环套的八边形组成，八边形的线粗细分别为 2μm、4μm、6μm、8μm、10μm、12μm、15μm、18μm、21μm、24μm、27μm，用于检测印版的分辨率。

⑪青、品红、黄、黑四组矩形块，每组由六个小矩形（2mm × 3mm），分别是 98%、97%、95%、5%、3%、2% 的网点色块，用于检测晒版时的高调和暗调处网点的还原情况，以及印刷时的变化情况。

⑫青、品红、黄、黑四组同心圆，每组由 20 个大小不同的圆套合在一起所组成，用于检测各色印刷时是否有重影现象。

⑬四组矩形块，每组矩形块为 6mm × 12mm。

第一个矩形内是：加网线数为 70 线 / 厘米，网线角度为 75°、网点覆盖率为 25% 的方形黄网点与网线角度为 45°、网点覆盖率 37% 的方形青网点和网线角度为 15°、网点覆盖率为 26% 的方形品红网点构成的浅调灰色，用于检测浅调方形网点的灰平衡情况。

第二个矩形内是：加网线数为 70 线 / 厘米，网线角度为 75°、网点覆盖率为 62% 的方形黄网点与网线角度为 45°、网点覆盖率 81% 的方形青网点和网线角度为 15°、网点覆盖率为 65% 的方形品红网点构成的暗调灰色，用于检测暗调方形网点的灰平衡情况。

第三个矩形内是：加网线数为 70 线 / 厘米，网线角度为 75°、网点覆盖率为 62% 的圆形黄网点与网线角度为 45°、网点覆盖率 81% 的圆形青网点和网线角度为 15°、网点覆盖率为 65% 的圆形品红网点构成的暗调灰色，用于检测暗调圆形网点的灰平衡情况。

第四个矩形内是：加网线数为 70 线 / 厘米，网线角度为 75°、网点覆盖率为 25% 的圆形黄网点与网线角度为 45°、网点覆盖率 37% 的圆形青网点和网线角度为 15°、网点覆盖率为 26% 的圆形品红网点构成的浅调灰色，用于检测浅调圆形网点的灰平衡情况。

（四）布鲁纳尔测控条

1968 年，布鲁纳尔研制了以 50% 粗网点和 50% 细网点方法为基础的第一代印刷质量测控条，如图 2-20 所示。它以三段式为主，其中粗网点和细网点检测标在测控条中占最重要的地位。三段式测试条包括两部分，即由实地段、50% 粗网点段、50% 细网点（测微）段和由网目调网点组成的三段 75%、50%、25% 三色中性灰平衡段共六段组成，按四色逐次循环排列，可供视觉鉴定或用密度计测量，求其网点增大值。通常以三段式实地段、粗网点段和细网点测试段使用。

（1）第一块是实地段，用于测试实地密度值，控制墨层厚度。

（2）第二块是以 10 线 / 厘米、网点覆盖率为 50% 的粗网点段，用于检测网点增大的变化。

（3）第三块是细网点测微段，在细网点测微段的中间用等宽十字线把细网点面积一分为四，每四分之一的面积网点形式完全相同。内容包括：

①在细网点段的四个角上，都由 60 线 / 厘米的等宽折线的线条，作为检测印刷时网点有无变形、重影的标记。

②细网点测微段，在中间十字线横线的上下方设有不同的网点，第一排有 13 个网点，靠最里面的一个网点是实地网点，依次 12 个网点是空心点，网点覆盖率分别是 99.5%、99%、98%、97%、96%、95%、94%、92%、90%、88%、85%、80%，这 12 个空心网点是用于检测印刷时网点的增大值的。第二排有 12 个实心网点，网点覆盖率分别是 0.5%、

1%、2%、3%、4%、5%、6%、8%、10%、12%、15%、20%，这12个实心网点是用于检测印版晒版质量的。第三排网点靠内侧的一个是实地点，第二个起是网点内的阴十字线与第四排的阳十字线之和为50%的网点覆盖率，是用于检测网点增大及网点变形、印版解像力的。

③细网点测微段的内侧中心有四个50%的方网点，用于控制晒版、打样和印刷时版面深浅变化。如方网点搭角时，则说明印版晒版过深或印刷墨色过量，网点增大值大；如方网点四角脱开，则晒版过浅，网点缩小。

④细网点测微段中间十字线的竖方向并列着两排13个圆网点，第一排的网点覆盖率（从下到上）依次由50%网点逐渐扩大至75%网点；第二排的网点覆盖率依次（从下到上）由50%网点逐渐缩小至25%网点，两排对应网点覆盖率之和是100%。其功能是用于检测不同网点面积距离和网点并联范围。

⑤细网点测微段的上下边缘框线上，设有超精细测标记，排列着不同宽度的阴线，分别是4μm、5.5μm、6.5μm、8μm、11μm、16μm、20μm，用于检测印版表面的解像力（分辨率）。

图2-20　布鲁纳尔（第一代）印刷质量测控条

布鲁纳尔第一代印刷质量测控条是在粗、细网点总面积相等的基础上制定的，其线数比为1 ∶ 6，即50%细网点的周长是50%粗网点的1/6。一排6个细网点的周长加起来等于一个粗网点的圆周长度。6排细网点的总和是粗网点的6倍，因而网点也增大6倍。在相同条件下，细网点增大就多，其密度则高，以粗网段为基准，取粗、细网两者密度之差，即可求出印刷网点的增大值。

1973年，布鲁纳尔（第二代）测控条研制成功。它是在第一代测控条基础上增加了75%的粗、细网段，构成了五段形式，如图2-21所示，并与晒版细网点控制段、中性灰段、叠印段等相结合，构成多功能测控条。

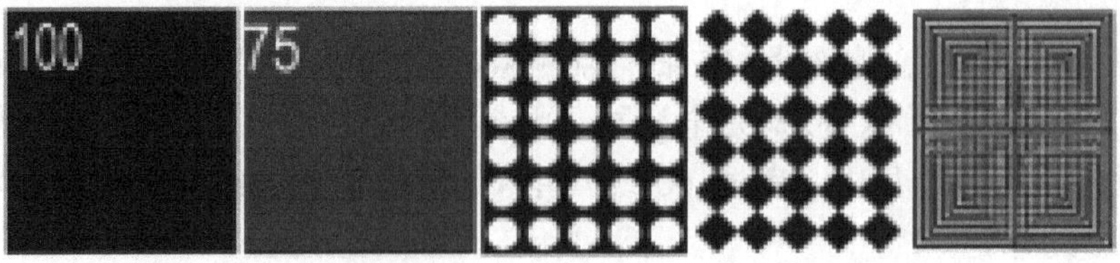

图2-21　布鲁纳尔（第二代）彩色印刷质量测控条

布鲁纳尔（第二代）测控条由晒版细网点控制段，灰平衡控制段，叠印和色标检测段，五段粗、细网点测试段所组成。

①晒版细网点控制段。在细网点控制段内分为6部分，以60线/厘米网点设置0.5%、1%、2%、3%、4%、5%细网点平网，依次排列。晒版时可根据印刷要求控制网点的再现情况。

②灰平衡控制段。用黄、品红、青三原色分三段排列，以60线/厘米的25%、50%、75%网点组成，用于检测打样和印刷灰平衡的印刷复制效果。

③叠印和色标检测段。以黄、红、品红、紫、青、绿色这6种色彩，每色为实地色标或叠色色标。用于检测各色色墨的实地密度和叠印率。

黑色密度分为三块，即黄、品红、青实地色墨叠印三色黑；黄、品红、青、黑实地色墨叠印四色黑以及单色实地黑。用于检测三色叠印黑、四色叠印黑的叠印密度。

④五段粗、细网点测试段。它是60线/厘米、50%的细网点测微块；12线/厘米、50%粗网点块；60线/厘米、75%细网点块；12线/厘米、75%粗网点块；实地密度块。

⑤五段测试段75%网点增大值计算：五段测控条比三段测控条增加了75%粗网点测试块和75%细网点测试块，网点增大值的计算是：用75%细网点密度减去75%粗网点密度再除以2，就得出75%的网点增大值。

为了解决打样与印刷相一致的问题，以及大多数胶印机仍按传统方式调节，布鲁纳尔公司于1981年研制了一般标准型第三代测控条，如图2-22（彩图9）所示。布鲁纳尔第三代测控条由色标间、复色叠印段、25%～75%网点段、布鲁纳尔三段式实地、50%超测微段、中性灰平衡段、0.5%～5%晒版检测段、印版分辨率段和四色三段式组合构成，根据所要求尺寸可延伸使用。

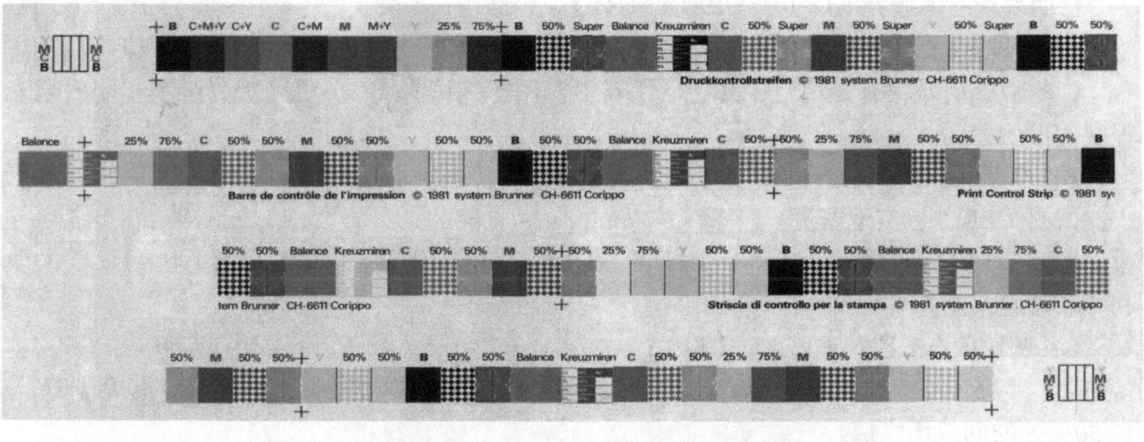

图2-22 布鲁纳尔第三代（1981版）彩色印刷质量测控条

布鲁纳尔第三代（1981年版）彩色印刷测控条，从左到右、从上到下各测控单元的功能如下：

用于黄（Y）、品红（M）、青（C）、黑（BK）四条布鲁纳尔彩色印刷测控条相对套准拼正的线框有两个：（1）、（106）。

叠印率T的测定区段有7块：（3）～（9）。

Y实地块有7块：（9）、（23）、（39）、（55）、（71）、（87）、（103），用于测试黄（Y）颜色实地密度。

Y三块段有1段：（69）、（70）、（71），用于测试计算黄（Y）色网点增大值和印刷相对反差。

Y 两块段有 6 段：（24）、（25）；（40）、（41）；（56）、（57）；（72）、（73）；（88）、（89）；（104）、（105）；用于测试计算黄（Y）色 50%处网点增大值，这是布鲁纳尔印刷测控条特意设计的。

Y 的晒版信号块有 1 块：（62），用于判读黄（Y）印版分辨率和印版曝光程度（深浅程度）。

M 实地块有 7 块：（7）、（20）、（36）、（52）、（66）、（84）和（100），用于测试品红（M）色实地密度。

M 三块段有 2 段：（50）、（51）、（52）；（98）、（99）、（100）；用于测试计算品红（M）色网点增大值和印刷相对反差。

M 两块段有 6 段：（21）、（22）；（37）、（38）；（53）、（54）；（67）、（68）；（85）、（86）；（101）、（102）；用于测试计算品红（M）50%处的网点增大值。

M 的晒版信号块有 2 块：（46）、（94），用于判读品红（M）色印版分辨率和印版曝光程度（深浅程度）。

C 实地块有 7 块：（5）、（17）、（33）、（47）、（63）、（81）和（95），用于测试青（C）色实地密度。

C 三块段有 2 段：（31）、（32）、（33）；（79）、（80）、（81）；用于测试计算青（C）色网点增大值和印刷相对反差。

C 两块段有 6 段：（18）、（19）；（34）、（35）；（48）、（49）；（64）、（65）；（82）、（83）；（96）、（97）；用于测试计算青（C）色 50%处的网点增大值。

C 的晒版信号块有 2 块：（30）、（78），用于判读青（C）色印版分辨率和印版曝光程度（深浅程度）。

BK 实地块有 7 块：（2）、（12）、（26）、（42）、（58）、（74）和（90），用于测试黑（BK）色实地密度。

BK 三块段有 1 段：（10）、（11）、（12），用于测试计算黑（BK）色网点增大值和印刷相对反差。

BK 两块段有 6 段：（13）、（14）；（27）、（28）；（43）、（44）；（59）、（60）；（75）、（76）；（91）、（92）。这是布鲁纳尔彩色印刷测控条特设的测试计算黑（BK）色 50%处的网点增大值。

BK 晒版信号块有 1 块：（16），用于判读黑（BK）色印版分辨率和印版晒制深浅程度。

灰平衡块有 6 块：（15）、（29）、（45）、（61）、（77）、（93），检查色彩平衡情况（灰平衡状态）。

使用测控条时必须注意：各测控条的测试块都是以某一特定的网线数为基准的。如果印刷品采用的网线数与测控条一致，则所测结果能够反映真实情况；反之，则所测数值不是实际情形，须加以换算。一般网线数增加，网点增大值也增加。但由于实际上只需相对的数据来控制印刷网点质量，所以，测控条在不同网线数的情况下仍是可行的。

为了保证同一系统印刷品质量，必须用同一系统的控制条件对晒版、打样和印刷进行质量检测和控制。

（五）晒版测控条

晒版测控条用来给 PS 版和胶片提供参考的曝光条件，并可用于检测显影液的浓度。

1. UGRA/FOGRA 测控条

该测控条由瑞士印刷科学研究促进会（UGRA）和德国印刷研究协会（FOGRA）制定，适用于数字化印前生产环境，用于检验印前作业全部完成后输出到分色片上的结果是否正确。

该测控条主要有 7 个控制块：信息块、分辨率块（夹角为 γ 的放射线，从同一个基点出发，用于衡量输出系统沿不同方向复制细线的能力）、文本块（判断输出设备复制字符的能力）、几何诊断块（衡量输出设备的记录分辨率与加网线数）、网目调梯尺块（确定和评估各独立传递函数曲线的特性，实现网点增大的合理补偿）、棋盘块（加网角度均为 45°，反映输出设备的曝光性能）、彩色控制块（包含 18 个色块，排列为三行六列，用来控制彩色图像的颜色成分）。

该测控条分为五个功能段：第一段用来控制印版显影，也可以检查印版曝光是否正确；第二段的微米线圈用来控制曝光时间；第三段为网点段，分 10%网点到实地 10 块，用来检查曝光显影，也可作为印刷特性曲线测量的基准；第四段是沿不同角度的精细网线，用于目测检查印刷机有无网点变形和重影；第五段为精细网点段，分阳图网点 0.5% ~ 5%和阴图网点 95% ~ 99.5%，用来检查印刷过程有无网点缩小和丢失。

2. 富士晒版测控条

富士晒版测控条如图 2-23 所示，共有 15 级，每一级的密度间隔是 0.15，最大密度达到 2.15。

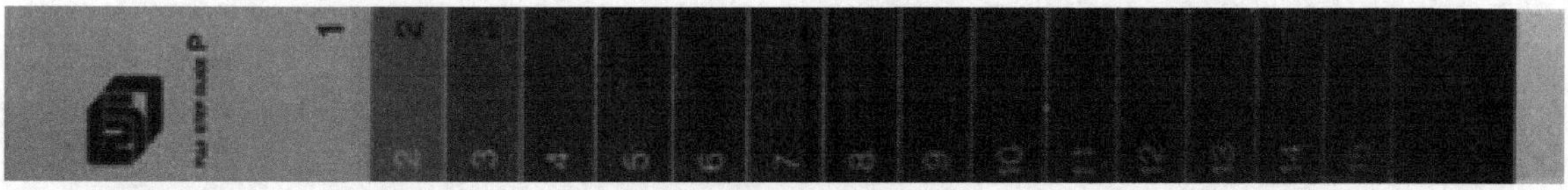

图 2-23　富士晒版测控条

富士晒版测控条晒度梯尺密度变化如表 2-4 所示。

表 2-4　富士晒版测控条晒度梯尺密度变化

级数	1	2	3	4	5	6	7	……	15
密度	0.10	0.25	0.40	0.55	0.70	0.85	1.00	……	2.15

曝光条件：适当的曝光阶调依赖不同类型版材和胶片的使用，可以参考 FUJI 的 PS 版和胶片数据表上的对应数值。通过调整曝光时间可得到适当的曝光条件，从曝光测试中可知：1.4 倍时间会影响一个阶调的改变，而 2 倍时间可改变两个阶调。此晒版测控条为晒版时间和显影液浓度检测提供依据。

以空白部分不上墨为标准，建议晒版将第 3 级晒白，第 5 级到第 6 级反映显影差。

三、印刷质量测控条的应用

根据国家标准 GB/T 18720—2002 的规定，通过对应的印刷品质量控制块可以检测网目调印刷品上的各种印刷质量性能，如表 2-5 所示。

表 2-5　网目调印刷的性能及其对应的控制块

印刷质量性能	印刷质量测控条上检测用的对应控制块
着墨量	实地块
印刷网目调阶调值	任一网目调阶调值的网点频率①和一个相邻的实地块
阶调值增大	任一网目调阶调值的网点频率①和一个相邻的实地块。专为检测印刷中网目阶调值增大的数值和规律性；网目调阶调值为 70% ~ 80%（暗调）和 40% ~ 50%（中间调）
阶调值传递	网目调段至少有 3 个不同阶调值范围②和一个相邻的实地块。阶调值范围如下：20% ~ 25%、40% ~ 50%、70% ~ 80%
可复制的最低网目调阶调值	极高光范围（10% 以下的网目阶调值范围）的网目调段作为测量段
可复制的最高网目调阶调值	极暗范围（90% 以上的网目阶调值范围）的网目调段作为测量段③
叠印率	单一和成对叠印的实地块
变形、重影	不同方向排列的线条（如与印刷方向呈 0°、45°、60°、90°）或圆形线条段作为测量段

注：①网点频率，又称网线数，在印刷图像的网点频率范围内进行选择。对于涂料纸印刷，最好选择使用 60 线 / 厘米的网点频率。

②测定印刷特性曲线用的网点段应根据实际条件选择链形点，在此应注意网目调阶调值增大与网点角度有关。

③准确地选择网目调阶调值应依据印刷方式、晒版方法和承印物而定。

（一）利用测控条检验网目调印刷质量

1. 标准实地着墨量

对于测控条中的实地块印刷，应使用标准墨样检测着墨量。实地块印刷的着墨量可以用反射密度计进行检测，在三原色油墨印刷时，应使用补色的滤色片。首先在正式印刷用的标样上确定色密度的额定值。

在带有 70% ~ 80% 网目阶调值的测控条上，将网目调与实地进行对比来确定网目调印刷的标准着墨量。为此，在印刷试验中，使用标准的橡皮布、承印物和油墨，将印刷机调节到最佳状态下逐渐提高着墨量，直至实地覆盖良好，使着墨量在网目调和实地之间尽量达到较大的反差。

在不同的着墨量印刷中，利用目测或通过对网目调与实地进行密度测量，可以获得标准着墨量。

在不同着墨量的印品上进行密度测定，通过如下方法计算出数值：

①通过由反射密度计直接得出的不同实地密度的印刷相对反差值进行对比。

②由密度值计算出与实地密度有关的印刷相对反差值的曲线图。

在上述两种方式中，印刷相对反差最大值范围对应的最大实地密度为标准着墨量。

③通过网目调密度 D_h 与实地密度 D_Y 的曲线图。标准着墨量处在实地着墨的范围内，对该范围来说，靠在测量点连线上的直线，通过原点显示出最小的陡度，因此也表示出最大可能的反差。

2. **印刷阶调值**

依据印刷网目阶调值的有效面积覆盖率 P_D，可由测控条测出的网目调密度 D_R 和相邻的实地密度 D_v 求得。

3. **阶调值增大**

通常，印刷品的网目调阶调值与晒版原版的网目调值之差，构成了网目调值增大。故可从测控条的测量区段测得的与承印物有关的网目调密度值以及相邻实地的密度值，计算出有效面积覆盖率，扣除掉测控条上相应网点段的几何面积覆盖率，即得阶调增大值。

阶调值增大的数值是两个面积覆盖率之差。测控条必须按规定使用。此外，这种测控条要取决于网目线数和网点形状以及测量密度时选择的滤色片。

4. **阶调值传递（印刷特性曲线）**

为了测定阶调值传递，应注意在网目调块的至少 3 个网目调值范围内与印版或晒版原版的网目调值之间有一定关系。

5. **可复制的最低或最高的阶调值**

在高光范围的印品上，通过目测检验或通过密度测量来确定高光调的阶调值。同理，也可以通过目测检验或通过密度测量获知暗调的阶调值。

6. **叠印率**

通过对连续印刷中单个和成对叠印的测控条实地块进行密度测量，可检验受墨性。为此应确定，当后印的油墨叠印在先印的油墨上时，其色密度和相对墨层厚度与随后印在空白承印物上的油墨之比有多大。

受墨性的检验可以在湿压湿（或湿压干）印刷中通过整批印件测定第一色序混合的色调均匀性。当基本色稳定着墨时，受墨性能下降则表明色调向先印的油墨方向偏移，受墨性增高则表明色调往后印的油墨方向偏移。

7. **变形、重影**

印刷时只有未出现变形和重影，在网目调段的印迹上才能进行密度测量，才能获得理想的数值。因此，首先应检验线条段在目测或在密度测量时是否在不同方向都准确一致。

当使用圆形线条检标作为变形、重影的信号区段时，在滚压方向出现深暗的扇形，则表明变形；如果在不同方向出现两个或更多的深暗的扇形，则表示重影。因此，应检验圆形线检标印刷是否均匀。

8. **印刷性能检测**

为了检测油墨、承印物、橡皮布、印版和印刷机组合在一起的印刷适性，需测定标准着墨范围和印刷阶调值传递。

测控条除实地块和两个由70%～80%和40%～50%网目调值范围内的网点块之外，至少还应该有一个20%～25%网目调值范围内的网点块，用以测定网目调值传递（印刷特性曲线）。为此，可根据实际条件选择网点形状和网点频率。

此外，还应具有为检验变形和重影用的控制块，以及为检验灰平衡用的控制块。测控条上还应包括鉴定晒版的控制块，以及带有阶调值上下限的网目调块，其准确的选择视印刷方法、印版、晒版方法和承印物而定。

（二）印刷质量测控条的设置

1. 设置目的

随着电子计算机技术的飞速发展和普及，印刷生产开始摆脱长期靠人的视觉和主观经验操作的落后局面，逐步实现印刷过程自动化。测控条是由许多具有不同功能的测试区、段、块组成的，因此将其放置在印版上，通过目测和密度计及其他仪器检测实地密度值、小网点再现值、相对反差值、色彩再现等标准规定的指标。除此之外，测控条还能检测标准未规定的指标，如油墨叠色率、色偏、灰度、反射效率、灰平衡等。总之，测控条是用来测控晒版、打样和印刷图文信息单元转移的质量情况，使印刷质量控制达到数据化、规范化，以满足日益增长的对印刷质量的要求。

由于测控条在晒版、印刷过程中是作为参照物使用，因此要求其本身要准确，使用的原版应符合要求。目前，很多印刷企业使用翻拷的测控条，因受技术或条件所限，大部分翻拷的测控条不够准确，使用中不能反映真实情况，达不到控制和检验产品质量的目的。

2. 质量要求

使用测控条的条件要与晒版、打样和印刷的条件一致。晒版时，要保证各色图文及测控区、段、块位置准确。使用测控条时应认真操作，准确拼贴。最好使用与印版宽度相近的长条，横向拼贴在原版的末端或前端，同原版一同曝光、冲洗、印刷，不能单独处理。只有保持晒版与印刷的一致性，测控条才能起作用。

测控条应保持清洁，不能沾上脏物或药液，防止折伤和划伤。使用一段时间后应及时更换。

3. 测控条在印版上的位置

（1）位置要求

通常，可将测控条放置在印张的叼口或拖梢处，与印刷机滚筒轴向平行，便于检测和控制图像着墨的均匀性及印刷品质量的稳定性。

（2）确定位置的原则

①一般印张叼口处受到印刷故障等不利因素的影响最小，而印张拖梢部位最能反映印刷故障等不良因素的影响程度。因此，印刷业几乎都将印刷质量测控条与被印图文同时晒制在印版上，其位置是在印张终端的空白拖梢处，如图2-24（彩图10）所示。

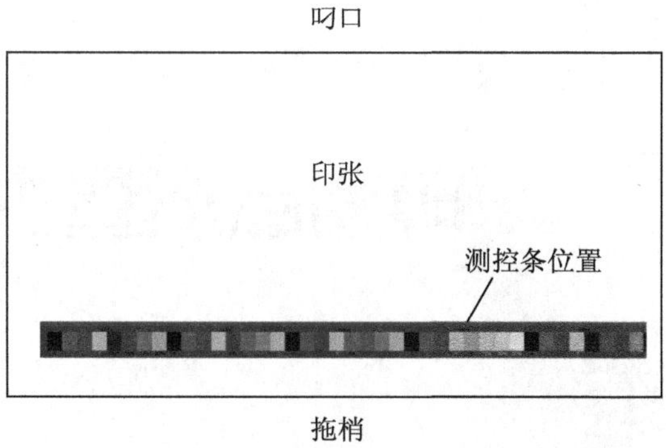

图 2-24　印刷质量测控条在印张上的位置

②测控条应距纸边至少 2 ~ 3mm，以免纸毛、纸粉落在测控条上，从而降低印刷质量的测试与控制效果。

③每套网点印刷用的印刷质量检测信号条由 5mm × 5mm 的 9 个控制色块所组成：第一块是实地控制块；第二块是 12 线 / 厘米的 50% 方形粗网点；第三段块是由 60 线 / 厘米的 50% 大小不同的方网点、圆网点、阴阳尖点相结合组成；第四块有 6 块，每块分别由 60 线 / 厘米的 0.5%、1%、2%、3%、4%、5% 网点所组成。

对彩色复制进行检测的最迅速、简单而又有效的测量方法就是密度测量。密度计已成为彩色印刷中最重要的专用仪器。无论是对工艺技术和印刷原材料的评价，作为制版过程中质量检测和控制的手段，还是在印刷过程中对彩色油墨与彩色图像的鉴定和评价，都离不开密度测量。随着密度测量技术的不断发展，密度测量所涉及的内容和测量项目逐步增加，这对印刷品的质量检测和控制提供了更多行之有效的方法。

情境三 印刷品质量主观评价

教学目标

印刷品质量主观评价是以复制品的原稿为基础，对照样张，根据评价者的心理感受做出评价。在评价时，必须对构成印刷品综合效果的各个质量特性，按参与评价者的身份，分成若干个组来评价，使对印刷品质量的评价求得统一的结果。主观评价对印刷品质量的判断意义不容轻视。

能力目标

1. 学会判断印刷品套印不准、拉毛掉粉、剥纸等故障；
2. 学会处理油墨传递故障、印刷机故障和上光故障等。

知识目标

1. 掌握套印不准的表现形式；
2. 了解油墨传递过程中出现的故障情形；
3. 掌握拉毛掉粉、剥纸等故障的表现形式和判断方法；
4. 了解印刷机故障和离合压故障的表现形式和判断方法。

对印刷品颜色品质进行主观评价时是采用目测法，观察者目视印刷品并与原稿或付印稿样对比之后，做出自己的判断，主要考虑的是印刷品颜色品质达到什么程度才会被客户接受。

无论在印刷过程中，还是印刷后检查品质时，印刷操作者或品质检查人员应随时凭借自己的感觉和经验，以复制的忠实性和真实感为标准，对印刷产品的颜色品质做出评价。

复制的忠实性是指印刷品对原稿的颜色阶调再现的程度。印刷品是一种复制品，从印前处理到印刷的整个颜色复制过程中，原稿是我们工作的依据，再现原稿的颜色阶调是印刷复制的准则。使印刷品与原稿达到真假难分的程度就是主观评价的最高标准。

当没有原稿进行比较时，印刷品的颜色品质便与真实感有关，即要求它符合大多数人的记忆色。一般人对常见物体都有先入为主的习惯，如果印刷品中主体颜色与真实物体颜色不同，这件印刷品就不能称为高品质的复制品。总之，印刷品的颜色品质主观评价准则是复制真实、自然、协调，当然，有时会随客户的意图或产品的用途略有改变。

主观评价是以复制品的原稿为基础，对照样张，根据评价者的心理感受做出评价。其评价的结果，随着评价者的身份、性别、爱好的不同而有很大的差别。因此，在评价时，必须对构成印刷品综合效果的各个质量特性，按参与评价者的身份，分成若干个组来评价，使对印刷品质量的评价求得统一的结果。因此，主观评价方法常受评价者心理状态的支配，评价结果可能对印刷品某一局部质量达到统一，而对综合性的全面质量却很难求得统一的意见。其原因在于主观评价不能客观地反映印刷品的质量特性。影响主观评价的因素还有照明条件、观察条件和环境、背景色等。例如，同一件印刷品，在不同的背景色下观察，会给人以不同的感觉，若加上颜色的因素就更复杂了。因此，应在以下推荐的条件下观察印刷品，使主观评价能得出较好的结果。

（1）照明条件

用于观察印刷品的光源，应在观察面上产生均匀的漫射光照明，照度范围为 500 ~ 1500lx，视被观察印刷品的明度而定。观察面照度不应突变，照度的均匀度不得小于 80%。

（2）观察条件

观察印刷品时，光源与印刷品表面垂直，观察角度与印刷品表面法线呈 45° 夹角。作为替代观察条件，也可以用与印刷品表面法线呈 45° 角的光源照明。

当观察光泽度较大的样品时，观察角度可在一定范围内调整，以找出最佳的观察角度。主观评价印刷质量主要靠目测，其工具主要是放大镜（放大倍率一般为 10 ~ 25 倍）。

（3）图像质量评价表

主观评价还可用列表、打分的方法对图像质量进行评价，表 3-1 所示为某产品印刷质量评价表。下面给出国际上通用的五级质量尺度和妨碍尺度。一般人员常用质量尺度，专业人员多用妨碍尺度。

表 3-1 某产品印刷质量评价表

质量分数	妨碍尺度	质量尺度
5	丝毫看不出图像质量变坏	很好
4	可以看出图像质量变坏但不妨碍观看	好
3	明显地看出图像质量变坏	一般
2	图像质量对观看有妨碍	差
1	图像质量对观看有严重妨碍	很差

主观评价不能全面反映印刷品的质量特性，但它却是印刷品质量优劣的最后仲裁者。现阶段鉴定印刷质量的方法多以主观评价为主，但应把主观评价因素加以客观解释，使其科学化，并和客观评价趋于一致。

印刷故障产生的印刷品弊病种类很多，而造成这些弊病的原因一般可分为机械故障、印刷工艺技术故障、材料使用不当引起的故障、操纵不当引发的故障、维护保养造成的故障和电气故障（这里不着重介绍）等因素，所以分析和诊断印刷品弊病也不是一件非常简单的事情，而且很多故障是相互联系的，需要我们综合去考虑和判断。现对常见的印刷品弊病进行分析。

一、套印不准

套印不准是指印版上图文没有正确地转移到承印物规定的位置上。由于传递不准确等印刷机调节不当造成套印不准，还有制版过程、纸张质量好坏、印刷过程等工艺因素也可造成套印不准，如图 3-1（彩图 11）所示。

图 3-1　套印不准

套印不准又可分为：轴向（来去）不准、周向（上下）不准、局部不准、正反面套印不准、间隔性套印不准等。

（一）轴向套印不准（拉纸不准）

产生的原因可能有如下几种：

①纸张离侧规较远，一般纸张离开侧规为 5 ~ 6mm 最佳，过远易造成拉不到，过近会拉过头。现代多色平版印刷机，一般都有侧规报警系统，当纸张离侧规大于 6mm 时，报警探头会发出警报，通知机台操作人员，及时调整纸堆与侧规之间的距离。

②侧规压板高低位置调节应在一定的范围内，调节过低会压住纸张，造成推、拉不到位，侧规压板调节过高，会造成纸边上翘，形成推、拉过头现象。

③毛刷轮引起拉不到：因毛刷轮压力调得过大或输纸台板上的压轮压住纸边，引起纸张推、拉不动，造成轴向不到位。

④侧规与前规不呈直角：侧规与前规之间不是小于 90° 就是大于 90° ，造成套印不准，如图 3-2（a）所示。

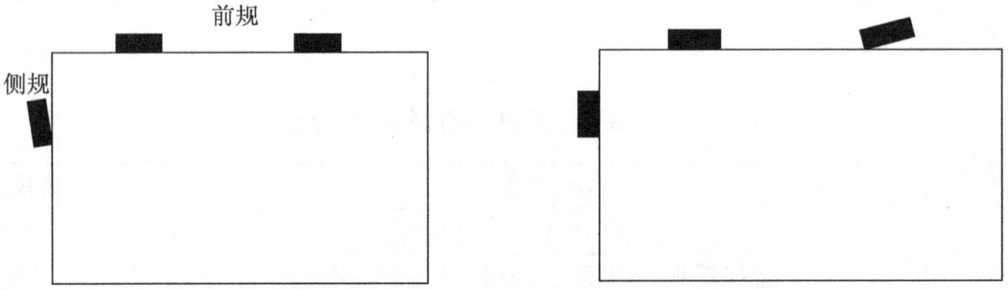

（a）侧规与前规不垂直　　（b）前规不在一条直线上

图 3-2　定位机构故障造成套印不准

⑤侧规块磨出槽沟：因大量印刷，侧规块形成一条槽沟，在印刷时，纸张有时拉进槽沟内，有时拉到槽沟外，造成不规则的轴向不准。

⑥切纸误差大造成的故障：由于裁切不直，造成开切后的纸张成平行四边形，在正常印刷时造成纸边与侧规只是点接触而不是线接触，造成轴向不准。

⑦输纸压板造成的故障：有的印刷机为防止纸张在前规处上翘，配置了压板机构，压板压力调得过大，也会使轴向套印不准。

⑧拉（推）规弹簧压力过大或过小造成的故障：一般多色平版印刷机的侧规都配备一粗一细两根弹簧，在印薄纸时，应采用细弹簧，印厚纸时应采用粗弹簧。具体方法如下：凡

印 157g/m^2 以下纸（含 157g/m^2），用细弹簧；印 157g/m^2 以上的纸张用粗弹簧。

⑨机械过量磨损：印刷机因使用多年或保养不到位，造成机械磨损过量，摆动递纸牙与侧规不同步或同步时间不够，造成拉纸有时拉过头、有时拉不到现象。

⑩侧规拉纸轮压力太小或太大：侧规拉纸轮压力太大会造成纸张被拉弯曲，拉过头；拉纸轮压力太小会造成纸张拉不到。拉纸轮压力调节方法是：在不输纸的情况下，调节拉纸轮的压力，调到拉纸轮刚好与拉条接触，再顺时针旋转一周（增加压力）即可。

⑪拉纸轮不规则磨损：造成拉纸轮压力时大时小，轴向定位时好时坏。检验拉纸轮不规则磨损的方法是：将印刷机点动到拉纸轮与拉条刚好接触时（停车），用手去转动拉纸轮，如果有轻有重的感觉的话，则证明拉纸轮有不规则磨损，必须及时更换拉纸轮。

⑫纸张弯曲：一般发生在较薄的纸张或离出厂期较近的纸张，纸张的含水量不均匀造成弯曲，形成推、拉过头现象。解决方法是：在靠近侧规的地方敲纸 3 ~ 5 下、敲纸距离大于 30mm 为宜。

造成轴向不准可能还有：拉（推）纸力大小不当；拉（推）规定位板处有碎纸、杂物；承印物有静电或阻力过大；侧规挡纸板与输纸板未密合；压轮压力调节不当或径向跳动；拉（推）规拉（推）纸时间不当；气动侧规吸气过小或吸气、吹气时间调节不当以及气路堵塞等。

（二）周向套印不准

周向套印不准（前规不准）：主要是承印物在输纸台板上走不到或走过头于规定位置。产生周向套印不准的原因可能有如下几种：

①毛刷轮离纸张拖梢边太远，未压着纸边，为保证纸张进入前规时的稳定和准确，在输纸台上设置了 2 只毛刷轮，要求压住拖梢纸边，防止纸张回弹，压力不能太轻，压得轻了或未压住纸边会造成纸张回弹，容易造成纸张走不到位的故障。

②毛刷轮压纸太重：由于毛刷轮压纸过重，造成纸张叼口部位的弯曲，引起走纸过头故障，严重时会造成纸张弓皱使印刷品报废。

③前规上挡板太低：一般情况下是薄纸以三张纸厚高度为宜；而厚纸以两张纸厚高度为适。前规调得太低会造成纸在前规定位处阻力过大，使纸张不能准确到位。

④前规有线形沟槽：前规挡块经过成亿万次与纸边摩擦，会产生线形沟槽（同侧规沟槽相同），因为前规的上挡板高度设置为 2 ~ 3 张纸厚的高度，所以在正常印刷时，纸边有时嵌进线形沟槽内，有时不进入线形沟槽，这样不规则时周向套印不准情况就发生了。

⑤前规不在一条直线上：校版时纸张一边被叼纸牙多叼，一边被叼纸牙少叼，相差 1.95mm 时会造成纸边与前规接触不在一条直线上。使纸张被高速输送时，冲力都集中在一个前规上，造成纸张叼口边承受不了点冲击而产生弯曲，无规则套印不准的现象便发生了。一般解决办法是：每批产品结束，前规必须回零；前规多叼与少叼只能作为微调，过量的调节容易造成叼口纸边只是接触一个前规，而发生周向套印不准故障，如图 3-2（b）所示。

⑥前规上挡板过高：在高速输纸状态下，在前规的冲击下造成纸张叼口弯曲，而前规上挡板调节过高，提供了纸张弯曲的空间，产生不规则的弯曲，而发生周向定位不准。

⑦侧规压板太低：由于侧规压板调得过低，在纸张还未准确定位时，侧规压板就压住纸张，使纸张无法准确定位，造成周向定位不准。侧规高低的调节与前规相同，薄纸以三张纸厚高度为宜；而厚纸以两张纸厚高度为适。

⑧侧规上抬过慢：控制侧规上下动作的凸轮磨损等原因，造成侧规上抬缓慢与摆动递纸牙配合失误，交接时间过长，使周向套印不准。

⑨摆动递纸牙开牙滚轮过量磨损：经过成千上万次的摆动，摆动递纸牙开牙滚轮或开牙导板磨损，造成开牙开不足，在摆动递纸牙与前规交接时，摆动递纸牙牙片碰撞已定位好的纸边，造成纸张走动，产生套印不准。

⑩摆动递纸牙叼力太小造成纸张移位：摆动递纸牙的叼力略小于压印滚筒叼牙的叼力，摆动递纸牙只起到传递纸张的作用，但经过长期使用牙片牙垫的磨损，造成摆动递纸牙叼力的减少。在印薄纸时，摆动递纸牙叼不住在摆动运动的纸张而使纸张移位，造成套印不准。

⑪压印滚筒叼牙轴或轴套松动：一般引起整体套印不准时总是只检查交接关系、叼牙叼力，而对压印滚筒叼牙轴与轴套的检查往往容易疏忽。叼牙轴开闭牙虽然幅度不大，但在撑簧的作用下它始终处于受压状态，经过长期高速运转，叼牙轴会松动或者叼牙轴轴套松动。检查叼牙轴或轴套之间是否松动，用一根小撬棒撬一下，如有摆动或间隙则证明叼牙轴或轴套有松动，需要更换或维修。叼牙轴和轴套不磨损是不可能的，关键在于日常保养，建议叼牙轴三个油眼每月加注润滑脂一次，这样可减缓叼牙轴和叼牙轴轴套的磨损。

⑫压印滚筒叼牙叼力太轻：压印滚筒经过长年累月的工作，叼牙的牙片和牙垫磨损，开牙滚轮松动。开牙滚轮的过量磨损会造成压印滚筒叼牙叼力的减小，当纸张从橡皮布上剥离时，就会造成套印不准。为了避免该故障的发生，建议压印滚筒开牙滚轮每周加注润滑脂一次。

造成周向套印不准还有可能是因为：输纸器与前规配合失误；前规下摆时间调整不当或凸轮磨损；多个前规不能同时靠在纸张的边缘；前规与递纸牙时间配合不当；纸张周向尺寸偏差过大；前规有轴向串动；纸张叼口边不符合定位要求；纸带张力波动过量等。

（三）局部套印不准

虽然局部套印不准在多色平版印刷机上发生不多，但也有时会发生。导致局部套印不准的因素一般有以下几种：

①纸张因素：上机印刷的纸张丝缕不符合印刷适性需要，我们要求上机印刷纸张丝缕应平行于印刷滚筒轴线，如垂直于印刷滚筒轴线容易造成散尾现象，在拖梢部位产生套印不准。这种现象的发生，可采用拖梢顶版螺栓向内或向外顶来解决局部套印不准。有防散尾装置的平版印刷机，可启用防散尾装置来纠正局部套印不准。

②装版因素：在装版时叼口或拖梢版夹没有回零，叼口版夹与拖梢版夹在印版滚筒上不平行，当拖梢版夹自动收紧时，造成印版的变形，引起局部套印不准。一旦这种情况发生，只能重新晒版，因为已变形的印版是无法还原的。高档配置的平版印刷机在叼口版夹上有版夹平整度的监控扫描装置，一旦发现叼口版夹不在一条直线上，将会报警，并拒绝执行夹版命令。

③印版或橡皮布衬垫厚度不准确：当某一色组的印版或橡皮布衬垫厚度不准，造成图文变宽或变窄，而造成叼口、拖梢局部套印不准。解决方法：调整中心距，合理使用印版或橡皮布的衬垫厚度。

④压印滚筒表面有过多堆积物：因生产周期较短，产品在印迹没有完全固着的情况下反面印刷，墨层较厚的地方油墨容易堆积在压印滚筒上，压印滚筒堆墨严重，将碰坏反面的图文或引起纸张弓皱。在产品印迹没有完全固着的情况下，反面印刷要经常注意压印滚筒的堆

墨情况，或在压印滚筒上涂布防堆积的快印膏，减少油墨堆积在压印滚筒的情况发生。

⑤叼牙因素：多色机每一排叼牙轴上最少设置 14 只叼牙，只要其中某一只叼牙不正常，就会造成局部套印不准（倍径滚筒还将产生 AB 重影），对于叼牙叼力的调节必须严格按照操作说明书的要求来进行，不能光凭经验，因为多色平版印刷机要求纸张从第一色组到最后一色组印刷过程中，不能有任何的滑移，一旦发生滑移将会造成局部套印不准和变形的发生。而光凭经验对叼牙进行调节，既不能保证开闭牙的一致，也不能保证所有叼牙叼力的一致，影响套印准确。

⑥纸张荷叶边：纸张是一种对环境相对湿度比较敏感的承印物，组成纸张的纤维具有吸湿和放湿作用，空气中含有一定量的水分，当周围环境中的湿度高于纸张含水量时，纸张就会吸收空气中的水分而伸长。当周围环境的空气湿度低于纸张含水量时，纸张就会释放出水分而收缩变短。造纸厂生产的纸张由出厂到印刷厂印刷的时间间隔太短，在开切和堆放过程中，吸收或释放水分造成纸张变形，会在印刷过程中造成拖梢部位套印不准。

造成局部套印不准有可能还有：衬垫测量不准或衬垫未垫平；橡皮布未安装好；印版安装或调整不当；开牙轮、凸轮磨损；印刷时版面水分太大等。

（四）正反面套印不准

造成正反面套印不准有可能是因为：纸张伸缩；定位机构产生故障；正反面印刷时使用同一个侧规；印版的正、反面未拼准；橡皮布未安装好等。

（五）间隔性套印不准

间隔性套印不准通常有可能是因为：前规或侧规定位板使用时间过长，磨出沟槽；或者承印物厚薄不匀；或者间隔性地出现输纸故障（双张或歪斜等）造成的定位误差（检测机构未检测出来）；或者承印物本身周向尺寸的偏差，或者倍径压印滚筒的某些叼牙轴的叼牙叼力不足以和印张的剥离张力相抗衡所引发的间隔性套印不准等。这种间隔性的套印不准表现为：从收纸处抽取三十余张印张，依次以叼口和侧规边作为对齐的基准，都会发现相应的规线（十字线）有上下（叼口、拖梢）方向或者左右（靠身、朝外）方向的（不规则的）跳动。

造成间隔性套印不准还有可能是因为：倍径压印滚筒分度圆半径未调好；纸张在翻转滚筒传递中叼口发生变化；纸张周向尺寸偏差过大；个别叼牙交接时有误等。

二、输纸故障

输纸的好坏直接影响印刷质量的好坏和生产效率，控制好输纸装置对操作者来讲是一件重要的工作。一般常见的输纸故障有：双张或多张、空张、歪斜张、输纸不稳等。

（一）双张或多张

造成双张或多张原因有很多，最大可能是输纸器出现问题：吸嘴的吸风量大，离纸堆面太低；压纸吹嘴没有压住纸张或与其他部件没有配合好；压纸吹嘴吹风量不足；挡纸毛刷和压纸片位置不对；纸堆与挡纸舌之间距离太小；松纸吹嘴的吹风量不足；纸堆上的纸张要么上翘要么下搭得非常严重；纸堆处纸张没有松透而上下粘连；纸张粘连或带静电等。

（二）空张

造成空张原因有很多，最大可能是输纸器出现问题：吸嘴的吸风量小，离纸堆面太高；

压纸吹嘴与其他部件没有配合好而压住纸张；纸堆与挡纸舌之间距离太大；吸嘴的吸气缸磨损或吸气回路漏气造成吸不到纸张；纸毛纸粉堵住吸气回路造成气路不畅；送纸吸嘴与分纸吸嘴配合不当造成送纸吸嘴没有接到纸；吸嘴垫圈选用不当或漏气；纸张粘连或带静电等。

（三）歪斜张

造成歪斜张原因有很多，主要原因可能是：两侧分纸吸嘴或递纸吸嘴的吸风量大小不一；挡纸毛刷和压纸片位置不对；纸堆面不平整；纸张粘连；纸张带有静电；送纸压纸轮不对称工作；压纸框上的压纸部件不对称；输纸过程中纸张两侧运行速度不一等。

（四）输纸不稳

输纸过程不仅不能出现双张或多张、空张、歪斜张等故障，还要求输纸稳定，对定位打下良好基础，所以输纸的稳定对印刷质量起着重要的作用。造成输纸不稳原因有很多，主要原因可能是：送纸杆抖动引起纸张抖动；纸张可能带有静电；输纸滚轮可能不圆整；输纸器与主机不平行；线带调节松或松紧不一造成纸张在输纸台上被传送得忽快忽慢等。

（五）纸张起皱

纸张起皱产生原因一般有两种情况：一是机器调整不当，包括输纸不当；二是纸张不平整（因含水量不匀），如图 3-3（彩图 12）所示。

图 3-3　纸张起皱

实际工作中可按下述原则判断是机器原因还是纸张原因：同一台机器，印这一种纸起皱，印另一种纸则不起皱，多数是纸张方面的原因；把切好的纸张前后、左右、正反调换上机，如总是在机器某一位置起皱则说明是机器调整不当；如果固定于纸的一个部位起皱则说明是纸张方面的原因。机器调整不当引起的起皱一般是从叼口到纸尾大面积起皱，纸张不平整引起的起皱一般从 1/2 处以后开始起皱；相同的两台（或几台）机器，印同一种纸，有的机器起皱，有的机器不起皱，则说明起皱的机器调整不当。

机器方面的原因是印刷机输纸装置调整不当。分纸牙片安装不适当，送纸吸嘴高低不平整，输纸带松紧不一，压纸轮的压力不等、位置不当易形成纸张歪斜和拱起，印压太大、感印钩太高，都容易造成输纸歪斜。当然压印滚筒叼纸牙的叼力不均，牙排的叼纸牙牙垫不在同一平面而引起叼力不均也会造成纸张起皱。

三、油墨传递故障

油墨传递过程中故障有很多，如糊版、掉版、脏版、花版、浮脏等。

（一）糊版

糊版是由于印版图文部分溢墨，造成承印物上的印迹不清晰。糊版原因一般有可能是：印刷压力不当；印刷字号小而笔画又多的字。如图 3-4（彩图 13）所示。

①由于印刷压力不足或过大，印版、橡皮布或压印滚筒未及时清洗，油墨细度不够，包衬性质与承印物未匹配好（例如，表面粗糙的承印物使用硬包衬印刷）等。

②印刷字号小而笔画又多的字，其笔画多的空白处容易糊并而分不清笔画。

③暗调处油墨稀薄容易造成糊版。

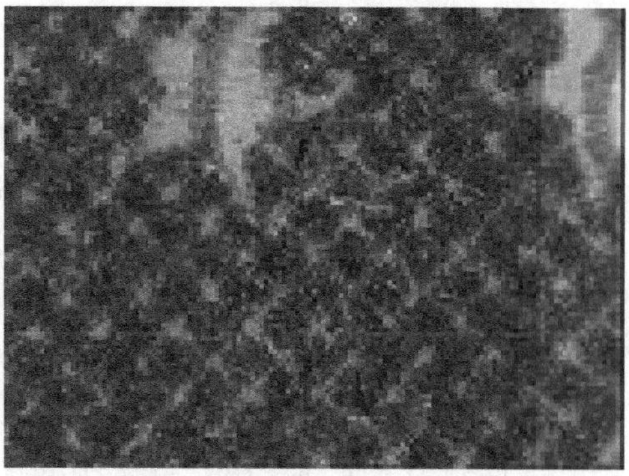

图 3-4　糊版

（二）脏版与浮脏

1. 脏版

脏版是因印版润湿不良，造成空白部分着墨。脏版又称为油腻、起脏、油脏、挂脏、龌龊等。脏版表现为印品的图文变厚，印迹铺开扩大，网线（点）糊连成一片等。即印版空白部分着了墨，这可以是局部脏版，也可以是全面脏版。如图 3-5（彩图 14）所示。

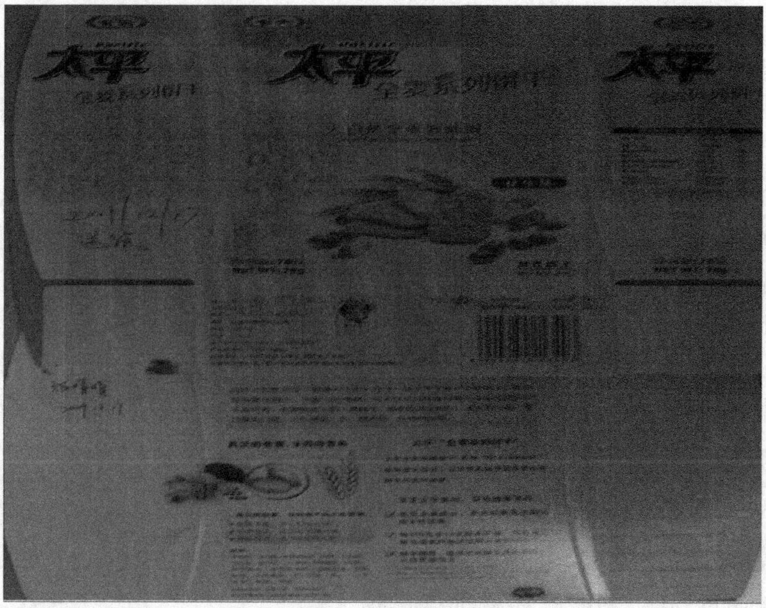

图 3-5　脏版

根据脏版在印刷过程中发生的时段可分为以下几种情况。

（1）新版一上墨就有脏（版）

这种脏版有两种可能：

①新版空白部分有残留的亲油的感光胶膜，造成新版一上墨就脏。这种脏要用专用的 PS 版修版膏或 PS 版修版笔来清除，但是使用时务必注意，千万不能把它涂在图文上，因为它对图文感光膜层有很强的清除作用。

②新版空白部分本身并没问题，只是新版上墨时，空白部分没有润湿液来保护，造成新版一上墨就脏。因此新版上墨时，空白部分应有适度的润湿液来保护。

（2）新版印刷一段时间后脏版

这种脏版有两种可能。

①一般是该处给润湿液过少或者润湿液组分不妥或者该处的砂目已基本磨损所致。对策是：对于前两种应该及时调整供水量以及润湿液的组分，起脏的版面要用PS版洁版膏清洁。对于最后一种必须及时更换印版。

②主要是因为印刷机在高速运转下，加上需要一定的印刷压力，从而有可能破坏印版上膜层，从而露出金属，这些露出的地方立即会被微量的表面活性剂、极性物质、游离脂肪酸等作用。这些地方就会吸收油墨，从而造成非图文区的泛黄，破坏了整个印品的质量。另外表面张力太低时，由于纸张中的水溶性表面活性剂、油墨中的极性组分以及药水中的可洗皂类等的影响，在印版上的油墨膜和水膜之间就不可能得到适当的表面张力，这就可能导致起脏，对策是：在油墨中加入一些稠的连结料，通常加入淀粉以改善墨性，适当增加润湿液的酸度和适当增大给水量，减少油墨配方中的油和脂的含量，用浓度大的油墨，使印迹薄一些，用表面张力比较高的润湿液。减少干燥剂用量，调整印版滚筒及橡皮滚筒的印刷压力，不要使滚筒间有不均匀的压力，以减轻印版版面磨损等。

2. **浮脏**

浮脏是由于油墨或是其组分浮在水上或溶于水中所引起的。主要表现在印版上布满了轻微的墨色，并将其转移到橡皮布上，以后又传递给了承印物，使承印物的非图文区也布满了轻微的颜色，印版上的墨色虽然可以擦去，但很快又会出现。

造成浮脏在印刷涂料纸（一般为铜版纸和白板纸等）时比较容易出现， 这是因为纸张中的表面活性剂被浸取了出来，形成了油墨在水中的乳化体而布满了印版的吸湿部分，印刷的油墨内聚力偏小，印刷时油墨乳化值偏大（造成印刷的油墨内聚力更加偏小），致使漂浮在空白部分水膜上的细小墨点无法被着墨辊收清而造成的。停机检查发现印版空白部分的水膜上漂浮着细小的未收清的墨滴，它在空白部分上没有固定的起脏点。相应对策是：加入适量零号调墨油或燥油来提高油墨的内聚力，或者换上内聚力足够的新墨并适当减小版面供水量。

（三）透印

这是因为纸张薄、吸收性又强，印刷时油墨的加压渗透深度与自由渗透深度之和超过或等于印张厚度时出现的弊病。对于这一类纸张，应进行预测。如果估计会发生透印，可事先用白油、维利油打底。同时，印刷油墨的流动度不要太高，干燥要及时。要注意透印、背面粘脏和打空滚三者之间的不同。尽管它们都发生在印张的背面。但是，背面粘脏最容易发生在印迹墨层厚的、墨层层数多的地方。透印容易发生在第一色印刷和油墨直接印在白纸上的背面，而不是色墨叠印处的背面。

（四）花版、掉版

图 3-6　花版、掉版

花版是指印版图文部分高调处的网点丢失。其原因通常是：润湿液组分不当、版面剩余墨层不足及表面摩擦过大或者版面水量偏大所致。如图 3-6（彩图 15）所示。

掉版是平印版的图文细微调子变浅，网点和线条面积减小，甚至失去亲墨性。造成掉版原因一般有可能是：在印刷工艺复制还原过程中，造成网点的遗失；着墨（水）辊与印版的压力过大；油墨黏性过大，造成剥离力过大；使用了不良的洁版液、油墨清洗剂，造成着墨辊表面或橡皮布表面老化；供水量太大等。

对策是：适当降低润湿液的酸性；适度提高版面剩余墨层的数量；正确地调整着水辊、着墨辊以及橡皮布与印版的接触压力，做到“三平、三小、三勤”等。

（五）飞墨

飞墨在印刷中有时在所难免，特别是印刷速度高、版面图文面积少、油墨黏度低的色组上更易出现，操作中除控制用水用墨量，建立稳定的水墨平衡，确保油墨乳化在合适的范围内来控制飞墨，还可用加装收墨条的方法来有效改善飞墨。具体方法是在印版上随印刷图文一起，设置在外角线以外区域，晒上收墨图文，该图文可以是 CMYK 各色版上相应角度每英寸 25 线的平网，该区域油墨将在印刷过程中被部分转印到印张上消耗，效果很好，但有油墨的额外消耗，商业高速轮转上常用。如图 3-7（彩图 16）所示。

图 3-7　飞墨

产生飞墨的原因主要有以下几种：

①气温过高：当气温达 33℃以上，如果室内无空调，气泵又在室内，造成车间气温上升，使油墨黏度降低，在印刷速度较快的情况下，特别是本来黏度较低的黄墨极易发生飞墨现象。解决方法：有条件的单位尽量安装空调，以降低车间的温度，如厂房过于高大、空调的效果不好，可采用吊平顶来降低空间，改善制冷效果。如无制冷水箱设备，在高温天气时在普通水箱中适当加些冰块，以降低水温，对防止飞墨会起到一定作用。

②添加剂使用不当：在印刷过程中，在油墨中过量使用添加剂（超过 3%），破坏了油墨的黏度和流动性，在高温高速的情况下，易产生飞墨。

③油墨乳化过量：在印刷过程中，没有使用最小的水分，造成了油墨过量乳化，降低了油墨的黏度，在高温高速的情况下，发生飞墨。又如较淡颜色的专色，使用了大量的冲淡剂或亮光浆，水大特别容易发生过度乳化和飞墨。

④油墨的印刷适性问题：由于油墨本身黏度较低，遇到高温高速情况，就会产生飞墨。国外已有冬季油墨和夏季油墨之分，国内还没有冬季油墨与夏季油墨，碰到因油墨黏度低而引起的飞墨，可采用色相基本接近而黏度较高的油墨来印刷（特别是高速卷筒纸平版印刷机）。

⑤墨量过多：印刷过程中，使用了过量的油墨，造成墨辊中剩余墨层过多而产生飞墨。单张机上使用收墨条图文不易超出纸张尺寸，否则压印滚筒上易堆积油墨。

（六）堆墨与堵版

堆墨是指油墨和其他物质沉积在墨辊或橡皮布上，形成浮雕状的沉积物，影响油墨和印迹转移。堵版多是在非图文部分上粘上油墨，使印版在线条部分分辨不清。

堆墨现象主要表现在：颜料从油墨中分离出来，堆积在印版和橡皮布上，结果造成印品网点糊并。这种现象可以从墨辊上的油墨墨膜的变化而觉察出来，一般是油墨变厚且表面粗糙而无光泽。

造成堆墨的原因：一是油墨乳化。由于油墨中固体组分悬浮分散在连结料中的稳定性差，造成油墨中固体组分聚成大颗粒，因此油墨颗粒变得粗而硬，失去了流动性能后，传递油墨性能差，在多色印刷中，如果后印的油墨黏性太小，则就不可能套印上去很多油墨，结果就堆积在墨辊、印版或橡皮布上，致使油墨传递和转移得困难，使与堆积处相对应的图文墨色变得比标准样张来得浅淡，成为废品；二是纸张上的涂层中纸粉、纸毛转移到橡皮布上也会造成堆墨（堆橡皮布），给墨量太多，油墨和水不平衡，水太多，水的酸性太大；三是干燥剂加得不当，加入量过多；四是油墨返粗（因油墨分散过度，当在贮存一段时间后多少吸入了水分而使颗粒重新聚集在一起所致）。

堆墨的解决方法是：在油墨中加入一些适宜的稠连结料、凡士林等以提高油墨的抗水性能，减少水量，降低水的酸性，减少给墨量。换用质量好的纸张，如果油墨的细度不好，则可以再分散之或用120~200筛网过滤一次，选用合适的颜料制造的油墨。金墨堆墨，可适当加入一点黄墨调节，以提高其流动性。

堵版的解决方法：一是在黏性太大的油墨中适当调入减黏剂；二是过硬的油墨可调入微量的减薄剂或高效超级分散剂（如偶联剂）加以稀释，如是干燥剂所致，可加入减化学黏剂及少量的有机溶剂调节（如异丙醇）。为此，我们必须及时清除墨辊、印版或橡皮布上的堆积物，掌握好水墨平衡和选用细度高、悬浮稳定性好的油墨是十分重要的。

（七）脱墨

脱墨是指金属墨辊受润湿液侵蚀发生氧化而排斥油墨的现象，或因墨辊表面有钙质的纸粉黏附，以致具有一定的亲水性而阻碍上墨造成脱墨。墨辊上油墨流动不均匀，有些地方不黏墨，尤其是金属辊子更为严重，常使印版出现空白区，一句话，就是印刷机的墨斗中油墨很难传到墨斗辊上。

出现脱墨一是油墨对润湿液有敏感（亲水乳化）性；二是油墨的屈服值大，而且内聚力非常强，油墨黏性小，但稠度大。一般解决方法：减少水量，降低润湿液的浓度，在油墨中加入黏度比较大而流动性好的连结料或撤淡剂。金属辊子用化学法或机械法（浮石摩擦等）处理一下，并充分干燥；或换用亲脂的铜辊或硬质橡胶辊或网纹陶瓷辊，换用新的抗水性好的油墨，必要时铲胶，彻底清洁全部墨辊，控制好水分重新上墨印刷。

（八）斑点墨皮

斑点墨皮也是常见的印刷弊病之一，如图3-8（彩图17）所示。产生的原因有以下几种：

①油墨中的墨皮未剔除干净，混入印刷油墨之中所致。

②由于软质墨辊表面老化而开裂、剥落到印刷的油墨之中的缘故。

③因承印物表面强度不足等质量问题造成承印物中的某些组分（如纸粉、纸毛及杂物颗粒等）混入印刷的油墨之中。

④墨辊上沾有纸屑、纸毛、水辊绒毛等或因剥纸、未及时清除而被打烂所致。

对于上述情况要及时清除在墨辊、印版、橡皮布以及印刷油墨中的斑点墨皮。认真清除纸张上的纸粉、纸毛和纸屑等杂质。印版上的斑点墨皮可由专用的刮板按规定将其清除，而墨辊或橡皮布上的斑点墨皮，需停机除之或清洗掉。

图 3-8　斑点墨皮

（九）碰脏

碰脏是影响产品质量的一种弊病，严重的碰脏会导致产品报废，碰脏产生的原因主要有以下几种情况。

①收纸吸风轮造成碰脏：产品在翻身时，由于吸风轮吸气过大造成反面产品碰伤、擦坏，严重的碰伤导致产品报废，所以在翻身印刷时，要经常注意反面，否则稍不当心擦伤图文，造成产品报废。

②摆动牙造成碰脏：现在的多色平版印刷机多数采用下摆动递纸装置。而下摆式递纸装置的摆动牙的特点是：前一张纸还未完全离开输纸台的情况下，摆动牙就返回到前规处，摆动牙的稳定性提高了，但是摆动牙容易碰到前一纸张的后面约 1/3 部位，造成产品碰脏而影响产品质量。

③因为压板原因造成碰脏：多色平版印刷机在纸到前规处，都有压板压纸防止纸张叼口上翘，但压板压得太重容易造成纸张反面碰伤，造成反面图文擦坏。同理，上摆式递纸牙在回程接纸的时候易碰擦印张正面后 1/3 处，较厚的纸张，二次同印刷面输纸印刷更易造成这类故障。

④机器的托纸铁条原因造成碰脏：平版印刷机为防止印刷时纸张上飘碰坏正面而设置了托纸铁条，一般要求托纸铁条移到印刷的空白部分，如放置不当，容易碰坏产品的正面。许多印刷机传纸滚筒有半圆弧的表面托纸板，印刷中印张的印刷面会与之有接触，易产生印刷面碰脏。操作中必须在圆弧托板上安装或粘贴特殊材料的防脏纸来避免碰脏，若防脏纸破损应及时更换。

⑤摆动压纸轮造成碰脏：摆动压纸轮压力太大会造成反面产品碰脏，碰到墨量较大的

产品，更容易引起碰脏，在输纸过程中要适当减小摆动压纸轮的压力，在能送出纸张的前提下使用最小的压力，特别是印亚粉纸（无光泽涂料纸）产品，因亚粉纸产品干燥缓慢，容易发生碰脏产品现象。

（十）背面粘脏

产生背面粘脏的原因很多，一般是：印迹墨层偏厚，墨层层数偏多，印品堆叠过厚，承印物过于平滑。为此，应严格控制印刷时的印迹墨层厚度，选用着色力高的油墨印刷，采用非彩色结构或底色去除印前工艺，都能在保证印刷质量的前提下，减少印迹墨层厚度和墨层层数，有助于避免背面粘脏的发生。对于平滑度高、吸收性强的承印物来说，应该选用与其匹配的油墨（如：IR、UV、EB 干燥形式的油墨）进行印刷。印刷时，适当喷粉和晾夹板都能减少和避免背面粘脏的发生。

所谓背面粘脏，是指产品在堆垛时印刷品正面的印迹油墨粘在上一张印品背面的印刷故障。轻者影响产品画面质量，重时则导致产品报废。造成背面粘脏的主要因素有以下几种。

1. 水墨平衡失控

水墨平衡对有水平版印刷工作来说是一个永恒的主题（无水平版印刷例外），良好的水墨平衡是防止背面粘脏的重要对策之一。众所周知，大多数平版胶印目前还离不开水，如何确定用水量的大小，主要根据版面图文面积、墨层厚度、承印物（涂料纸或胶版纸）性质、车间的温湿度等因素来确定。正常印刷用水量的上限，应该是产品的叼口无水迹、发花现象；下限应该是在产品网点无糊并、不起脏。但这只是用水量的范围，而最佳用水量应该是网点不糊并的前提下，采用最小的水分。由于用水量的控制不当或未在理想状态，会给印刷品带来一系列的质量问题，严重时会导致产品报废。多色平版印刷机用水量的控制，需要观察 4 个机组或 4 个以上机组，所以在预设置用水量时，应尽可能根据版面图文面积和墨层厚度等因素综合考虑，以免用水量波动较大而影响产品质量。

2. 墨层过厚

墨层厚度掌握不当也会造成背面粘脏，打样一般由单色或双色打样机来完成，单、双色打样叠印形式为湿压干，遇到墨量较大的产品，往往打好一色或双色后吊起来吹干，而四色或多色平版印刷机采用的是湿压湿的叠印方式。叠印率是湿压湿小于湿压干，一味追求与打样效果一致（特别是低调部分）容易造成背面粘脏，遇到墨层较厚的产品，适当增加喷粉量和晾夹板，对防止背面粘脏能收到一定的效果。

3. 堆叠状态

堆叠状态也是影响背面粘脏的因素之一。印制产品的堆放，最好每一令或每一令半晾一个夹板。如果堆纸较多，甚至 5~8 令才放一只垫板，并为防止背面粘脏而增加喷粉，则是一种错误的做法。大量喷粉对印刷有害无益，大量喷粉虽然防止了背面粘脏，但影响了翻身印刷及后道工序的正常工作，如无法覆膜、无法烫金等；对机器也带来不良后果，收纸链条堆满喷粉，妨碍链条润滑装置的正常工作；喷粉虽然无毒，但操作人员经常在喷粉飞扬的环境中工作，对身体健康是有害的。

4. 承印物表面情况

纸张表面性质不同也是产生背面粘脏因素之一。有些纸张表面过于光滑，对油墨的吸附性较差，容易造成背面粘脏，特别是布纹纸、亚粉纸因干燥速度较慢，稍不注意就会造成背面粘脏。胶版纸的背面粘脏往往容易被忽视，如果说铜版纸发生背面粘脏还有补救的可能性，而胶版纸一旦发生背面粘脏很少有补救的方法，发生胶版纸背面粘脏主要因素有：

①对胶版纸的背面粘脏没有引起足够的重视。一般总以为铜版纸表面比较光滑，容易发生背面粘脏，所以在印刷铜版纸时较为重视，也会采取适当的防粘措施。而对于胶版纸则认为纸张比较粗糙，不大容易产生背面粘脏，在生产中会忽略背面粘脏问题，等发现背面粘脏时往往已印刷了十几令或几十令，严重影响了产品质量，甚至造成产品报废。

②由于打样用纸和印刷用纸的不同而造成背面粘脏。现在各印刷企业存在的一种普遍现象，即打样用好的纸（铜版纸）、好的油墨，为了让客户签样，墨量印足，而正式印刷时，则用胶版纸和普通油墨。因为铜版纸与胶版纸吸墨有较大的差别，如果刻意去追求印刷产品与付印样的一致性，这样印出来的印刷产品大多会造成背面粘脏。

5. 搬运状况

搬运不当也会造成背面粘脏。

①对比较光滑的纸张在搬运或翻身装纸印刷时，要轻搬、轻放，决不能拖蹭，否则会碰脏反面。

②在先印金或先印银，以及黄、品红、青、黑叠在金、银墨层上的产品时，要特别注意，因为金、银墨层对油墨的吸附能力很差，在产品没有干透的情况下，搬动或翻身时，极易将叠印在金、银墨层上的黄、品红、青、黑印迹擦伤、碰坏，造成产品报废。

黄、品红、青、黑墨层印在金、银墨层上时，需要等较长时间方能翻动，在实在等不及的情况下，可再印一次光油，罩在图文表面，这对防止图文擦伤有较好的效果。

③在搬运墨量较大、未干透的产品时，也要防止正反擦伤碰坏，特别是彩色墨层叠印在金、银墨上的产品，只能轻拿轻放，否则也会损坏产品。

6. 温度、湿度

车间环境的温度、湿度变化直接影响产品的质量和产品干燥的速度，印刷过程中的油墨干燥是较为复杂的理化过程，它与工艺操作、润湿液的 pH 值、纸张的吸收性能等有关。

①环境温度对干燥的影响：温度升高时，物质分子的运动速度加快，生成更多的过氧化物，所以随着温度的升高，油墨氧化聚合反应也随之加快，因而干燥加速。干燥过程是放热反应。印张干燥过程放出的热量反过来也促进了印迹的干燥。温度降低时，分子运动减慢，油墨的氧化反应也慢，干燥时间就长，容易造成背面粘脏。

②环境湿度对干燥的影响：印刷工艺过程中，印刷到纸张上的油墨实际上是被乳化了的含水的油墨，水分的蒸发速度对印迹干燥速度有密切的关系。由于环境湿度增高，空气中氧的活动性也会减弱，降低了油墨对氧的吸收，从而使油墨的干燥速度减慢，也会造成印品背面出现粘脏现象。

另外，纸张在调湿处理后的存放及印刷过程中，如与车间温度、湿度不相适应，它的含水量和尺寸还会发生变化，所以车间的温度、湿度应该受到控制，理想的印刷车间应该是恒温、恒湿（温度为 22~25℃、湿度为 50%~60%）。

（十一）色差

产生色差的原因很多，有同色墨印得深淡引起的色差；前、后批同色油墨的色彩差异产生的色差；不同系列四色版油墨（柯达标准、欧洲标准和日本标准等之间）的色差；油墨的流变性能未调整好、墨斗供墨量未调节好或者油墨的温度变化过大造成印迹墨层在图文部分厚薄不均匀；色序更换，尤其是浅色换深色，墨辊上原有的深色没清洗干净等。如图 3-9（彩图 18）所示。

（a）

（b）

图 3-9　色差

色差的表现形式有以下两大类：

（1）同页色差

同页色差一般有以下两种情况：

①周向（上下）色差：前深后淡或前淡后深。

②轴向（来去）色差：左右深淡或中间与两侧深淡。

（2）跨页（包括正反面）色差

跨页（包括正文面）色差通常有以下三种情况：

①前淡后深：越印越深。

②前深后淡：越印越淡，如图 3-10（彩图 19）所示。

③忽深忽淡：时深时淡。

色差不论发生在同页还是跨页、局部的还是整体的，都表现为色差值超标。对于上述种种情况，应在标准光源条件下，消除环境色的影响，了解前后批同色油墨的色彩差异情况，通过勤抽样，细查对，并通过测色仪器的测量，控制好水墨平衡，使色差值控制在质量允许的范围之内，同时对印刷机要规范操作等。

图 3-10　色差（前深后淡）

四、印刷机故障

（一）条痕

所谓的条痕即指在印刷时，网点或墨膜厚度发生不规则变化，在平行于印刷滚筒轴线方向所形成的墨色深浅不一的条痕。它是由于某些因素的影响，使得墨（水）辊之间，着墨（水）辊与印版滚筒之间，印版滚筒与橡皮滚筒之间，或者橡皮滚筒与承印物之间产生微小的滑移，在油墨的转移过程中，这一微小滑移改变了墨膜厚度或网点的形状和大小，形成了条状墨色变化，如图 3-11（彩图 20）所示。

图 3-11　条痕

条痕一般有固定的位置，并总和叼口平行。但它们形状各异、深浅不一，通常根据其外形有以下几种划分。

1. 根据条痕颜色的深浅区分

①黑条痕（墨辊条痕），是网点发生不规则的增大、变形拉长，墨色加重，在版面形成一条明显的深条痕。一般是由于墨辊圆度不合要求（墨辊轴线不直）；墨辊压力未调节好；印版滚筒表面线速度与串墨辊表面线速度相差过大造成着墨辊跳动或滑动摩擦过大；串墨辊齿轮磨损；墨辊表面不平或吸墨、传墨性能不一；橡皮滚筒与压印滚筒压力太大；橡皮布松弛；滚筒包衬不当等因素造成的。

②白条痕（水辊条痕），是网点发生不规则的缩小、墨色减淡，构成一条明显的浅条痕。一般是由于水辊圆度不合要求（水辊轴线不直）；水辊压力未调节好；串水辊齿轮磨损；水辊表面不平或吸水、传水性能不一；橡皮滚筒与压印滚筒压力太大；橡皮布松弛；滚筒包衬不当等因素造成的。

2. 根据条痕的根数区分

①单根条痕，一般单根条痕和印刷机运行时负荷突变有关，因此，单根条痕发生的位置（即压印处）总和此时的某处凸轮或叼牙等机构的受力突变有关。只要找出突变处，就能迎刃而解。

②多根条痕，解决办法同上。

③齿距条痕（齿轮条痕），由于齿轮啮合传动时侧隙偏大或者齿轮磨损过量等因素的存在，均会造成与齿距相吻合的间隔性出现的齿距条痕（又称齿轮条痕）。

3. 根据条痕的位置是否固定区分

①固定条痕：位置固定，一般为齿轮条痕。

②变动条痕：位置不固定，一般为墨辊条痕或水辊条痕。

4. 根据引起条痕的原因区分

①辊条痕：由于匀墨部分设计不合理，胶辊精度不够、调节不当，引起胶辊与印版间的微小滑移或干扰正常的油墨转移，使印刷密度发生变化，产生胶辊条痕。

②齿轮条痕：平版印刷机各滚筒及匀墨、湿润部分的传动齿轮，出现齿形、齿间、齿面光洁度等各项误差，在啮合过程中产生振动，不能保证平稳运转，产生齿轮条痕。

③振动条痕：由于平版印刷机在运转过程中，存在着滚筒缺口，叼纸牙开闭的冲击，往复运动及凸轮连杆机构惯性引起的冲击振动，传动件配合间隙等许多不平衡因素的影响，造成转印部位因为颤动而产生相对滑移，产生振动条痕。

④其他条痕：由于平版印刷工艺过程是机械作用和理化反应相结合的综合复杂过程，参与印刷过程的润湿液、油墨、印版、橡皮布、衬垫、承印物等，某一因素处理不当所产生的条痕统称为其他条痕。

（二）重影

重影是指用一块印版印刷的图像错位，在印刷网点的上、下或左、右两侧出现的虚影或印刷的线条旁边出现的浅色线条。即在正常印迹图文的近旁出现浅浅的一个有方向性（轴向或周向）的痕迹。这主要是同批前后印刷同色印迹墨层先后在橡皮布上几何位置不重合而引起的，一般根据发生的方向不同可分为以下几种情况。

①轴向重影：所谓轴向重影是指本次（本印刷周期）像素印迹（正常密度的印迹）向上次（前一印刷周期）印迹墨层（又称为橡皮布上的剩余墨层，将是浅浅的印迹）在轴向的不重合。例如，橡皮滚筒的轴向止推轴承止推失效，引发正常印迹图文的近旁出现浅浅的轴向的痕迹。如图 3-12（彩图 21）所示。

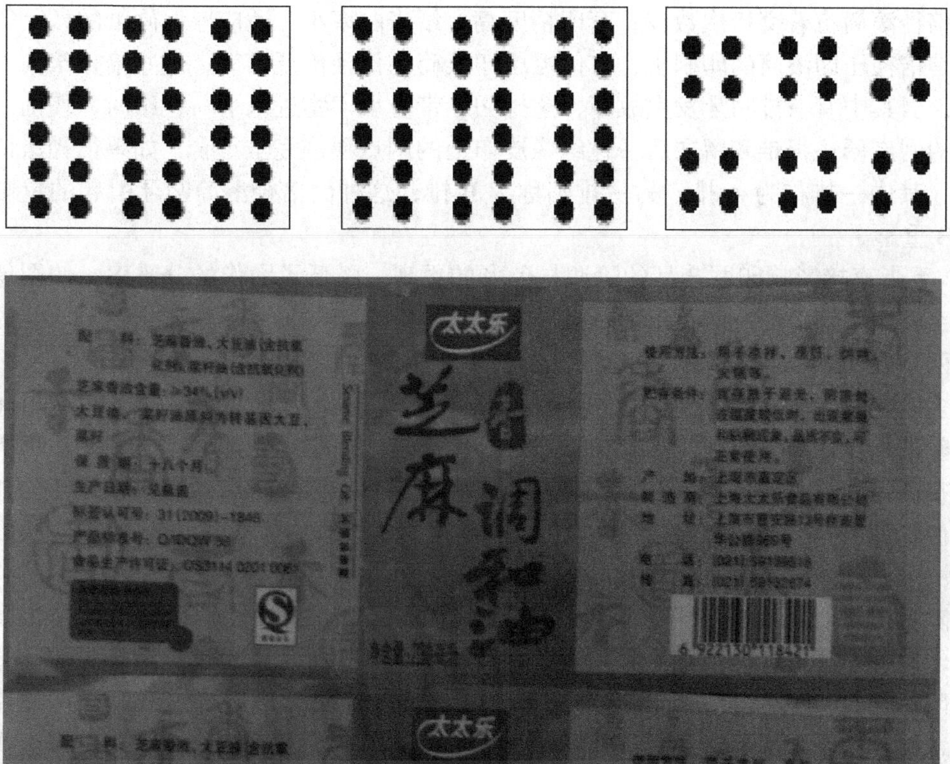

图 3-12 重影示意图

②周向重影：所谓周向重影是指本次（本印刷周期）像素印迹（正常密度的印迹）与上次（前一印刷周期）印迹墨层（又称为橡皮布上的剩余墨层，将是浅浅的印迹）在周向的不重合。例如，滚筒合压时的齿侧隙过大或者橡皮布未绷紧等，均会发生周向重影，即在正常印迹图文的近旁出现浅浅的周向的痕迹，如图 3-12（彩图 21）所示。

③轴向和周向共同作用产生的重影。

④局部重影：通常是纸张伸缩或含水量不均匀造成的。及时调整纸张的含水量使其符合印刷要求。引起局部重影的原因有以下几种：局部橡皮布衬垫过厚，造成印刷过程中橡皮布的蠕动或滑移；局部油墨堆积压印滚筒，造成局部压力过大引起橡皮布蠕动或滑移；纸张不平整（荷叶边或紧边）。

⑤ AB 重影（间歇性出现的重影）；通常发生在倍径压印滚筒的印刷机上。应力要求使各个叼牙叼力及叼纸线均匀一致，并足以与剥离张力相抗衡。

两倍径滚筒有着交接次数少，套印精度高，纸张曲率小，适应厚、硬纸的印刷等优点，但由于是倍径压印滚筒的印刷机，有倍径压印滚筒和倍径传纸滚筒，这些倍径滚筒上各有两排叼牙，当其中有一排叼牙发生故障，这排叼牙带着承印物进入下一色组时，使前一色每一张纸上的网点墨迹很难和留在后一色组橡皮布上的网点墨迹完全重合，如果倍径滚筒设有两排叼牙，其中一排称为 A 排，另一排则称为 B 排，这种由倍径滚筒叼牙引起的重影我们称它为 AB 重影。

AB 重影直接影响印刷产品的阶调与色彩的再现，降低了图像的分辨率，使图像层次减少，文字模糊不清，严重的 AB 重影会造成产品的报废。

由两倍径滚筒叼牙故障所引起的 AB 重影产生的原因主要有：由于高速多色平版印刷机经过多年的运转，牙片牙垫都有不同程度的磨损，加上叼牙轴承、轴座的磨损和松动及开牙滚轮的磨损，同时还有喷粉及油垢落在牙片牙垫之间，产生死牙或叼牙开闭不灵活，使叼牙在高速运转情况下，不能准确闭合。另外，开闭牙滚轮的磨损造成叼牙叼力的减小，这样就使纸张在从橡皮布上剥离时，和纸张在此交接过程中发生不应有滑移，从而产生了 AB 重影。

排除的方法如下：检查开牙滚轮是否过量磨损；检查叼牙轴轴承、轴座是否磨损；对叼牙、牙片、牙垫进行清洁工作和叼力调整。小森、高宝、罗兰机都有叼牙强制闭牙装置，先将开闭牙滚轮调到小面，然后逐个松开牙片并对牙片和牙垫进行清洁，再将牙片闭合在牙垫上，最后将开牙滚轮调到大面（强制）闭牙，调节叼力和张闭合适方可。以上操作时，必须切断电源，以免误操作而损坏设备。

（三）幻影

幻影有时称为鬼影，是指印张中在大面积的实地上出现小的图像暗影，特别是指在印张有较宽的边框时，在中边框的交界区出现明显的暗影界线。也就是指在印刷某一承印物的某一颜色上，在叼口部分印刷该色实地，而在相应拖梢部分印刷该色另一实地时， 这样拖梢部分实地相对叼口部分会产生浅浅的影子，例如在叼口部分印刷 ABCDEFG 时，如图 3-13（a）所示， 会在如图 3-13（b）所示拖梢部分实地中出现浅浅的 ABCDEFG 影子。

解决方法一般有几种途径：

①选用着墨率设计合理（即前两个着墨辊的着墨率占总量的极大部分，起供墨作用；后两根着墨辊起多收少补的作用）的印刷机印刷这类周向需墨悬殊的印刷品。

②从印前工艺着手，由版面设计上解决。

③严格控制版面水分保持良好的水墨平衡，不使水、墨过多是避免和减少幻影的重要

的工艺措施。

④如果着墨辊做轴向串动可减轻或消除幻影。

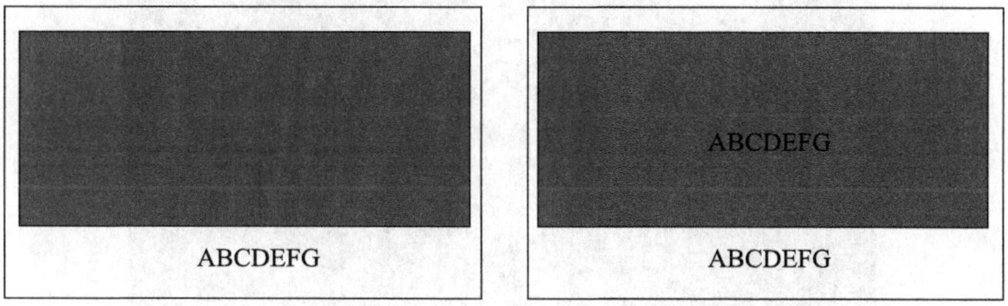

（a）叼口（版口）　　（b）叼口（版口）

图 3-13　幻影示意图

五、拉毛掉粉、剥纸与水油迹

（一）拉毛掉粉

拉毛掉粉也是常见印刷弊病之一，如图 3-14（彩图 22）所示。

1. **拉毛**

产生拉毛的原因很多，一般有以下几种情况。

①纸张（通常为非涂料纸）表面强度不够，印刷时纸毛（植物纤维）被拉起或拉出，造成印迹有纸毛被拉起或拉掉的痕迹（从纸张的侧面观察容易发现）。

②印刷时油墨的黏性过大，造成印刷时植物纤维被拉起或拉出，形成拉（纸）毛。

③有水平版印刷时，因版面水分过量，造成纸张表面强度下降，从而使植物纤维被拉起或拉出，产生拉（纸）毛。而且，纸张质量越差，越容易拉（纸）毛，甚至没印几十张，就得洗橡皮布。对于这类纸张，一般先用白油、维利油打底来遮盖原先表面强度不够的纸面，然后进行彩色印刷。同时，严格控制水墨平衡，以免版面水分过大或墨层过厚、过稠。印刷时，务必使用理想压力。在印刷的油墨中加入适量的减黏剂，以降低油墨的黏性，减少拉毛的发生。

2. **掉粉**

掉粉通常发生在涂料纸上，其原因一般有以下几种情况。

①涂料纸的表面强度不足，印刷时涂料层的涂料脱落，造成印迹墨层上有细小的白点，称为掉粉。

②印刷时油墨的黏性过大，造成印刷时涂料粉末（纸粉）被拉起或拉出，形成掉粉。

③有水平版印刷时，因版面水分过量，造成纸张表面强度下降，从而使涂料粉末被拉起或拉出，产生掉粉。而且，涂料纸质量越差，越容易掉粉，甚至没印几十张，就得洗橡皮布。对于这类纸张，一般先用白油、维利油打底来遮盖原先表面强度不够的纸面，然后进行彩色印刷。同时，严格控制水墨平衡，以免版面水分过大或墨层过厚、过稠。印刷时，务必使用理想压力。在印刷的油墨中加入适量的减黏剂，以降低油墨的黏性，减少掉粉的发生。

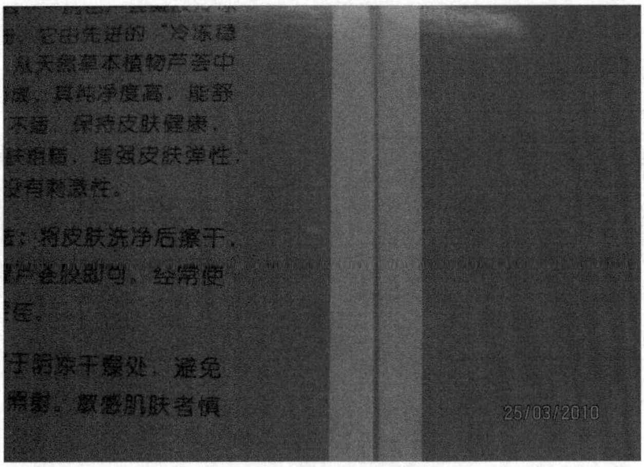

图 3-14　拉毛掉粉

（二）剥纸

所谓剥纸，是指纸张表面强度不够，在印刷时发生分层，纸张一分为二，一部分粘在橡皮布上，另外一部分在压印滚筒上的故障。它与印刷时整张纸被粘在橡皮布上是不同的，后者没有发生分层；而剥纸则必须有分层现象。

对于上述情况，一般采取加适量的减黏剂于印刷油墨之中，以降低黏着性和剥离张力，并保持良好的水墨平衡。通过印前预测，选用表面强度合适的纸张与印刷油墨相匹配，并达到“三平（滚筒平、墨辊平、水辊平）、三小（水小、墨小—理想水墨平衡、压力小—理想压力）、三勤（勤掏墨斗、勤洗橡皮布及印版、勤抽样检查与看版面水分）”工艺规范的要求。

通常，把整张纸被粘在橡皮布上的故障称为粘橡皮布，它产生的原因是印刷油墨黏性过大，致使印张所承受的剥离张力过大，使叼牙叼力不足以相抗衡或者叼牙叼纸太少（或者因输纸歪斜引起叼纸偏少）。因此，解决的办法是适当降低油墨的黏性，调节好叼牙的叼力和叼纸量。对于高速多色平版印刷机来说，如果又是大幅面的印刷面积，这类平版印刷机的压印滚筒叼牙应该选用高位叼纸的方案才是合理的。

（三）水油迹

水油迹是常见的印刷弊病之一，如图 3-15（彩图 23）所示。

1. 水迹

水迹产生的原因：车间温度高，水斗盘内外冷凝水造成；水路管道堵塞，造成下水不畅，水积满溢出滴落到印面上。

水迹解决办法：严格控制车间温度，高于 27℃时容易产生冷凝水。尤其在夏天需要特别关注温度变化；水箱水的温度严格设定，避免水槽内外温差过大产生冷凝水；及时疏通管路下水道，必要时用管道清洁剂对管道内污垢进行清理。

2. 油迹

油迹产生的原因：用油不正确，不耐高温或过稀，高速印刷过程中甩出；给油眼加油时没有擦拭干净，运转过程中甩出；油管不密封或破裂。

油迹解决办法：采用适合印刷性能的黄油、机油；加油时，用布将多余的油擦拭干净，并高速运转 10min 左右，再用布擦拭干净新甩出来的油。

（a）

（b）

图 3-15　水油迹

六、离合压故障

现代多色平版印刷机的滚筒离合压机构均采用气动式离合压装置，有时会出现离合压时间不当或在印刷中某一印刷机组突然离压的现象。

（一）离合压时间不当

压印滚筒合压过早或离压过晚，这样压印滚筒被印上油墨，承印物的背面被印上油墨；合压过晚或离压过早，会使承印物出现半白半彩。造成这些现象的原因主要有离合压汽缸漏气，使汽缸活塞动作迟缓；离合压控制的延时、无触点开关或控制电路出现故障和二次离压过程中气泵储存罐气压不足等。

印半张一般有以下四种形式：

①只印出后半张：如果这只发生在开印的第一张，是由于合压（机构）的动作迟缓所致。

如果是印刷一段时间之后才发生的，通常是橡皮布下的衬垫向拖梢逐渐位移的缘故。分清上述情况，就能对症处置。

②只印出前半张：如果这只发生在停印刷前的最后一张，是由于离压（机构）的动作迟缓所致。如果不是停印刷前的最后一张发生的（而是在输纸正常，仍然处于合压状态下发生的），这通常是橡皮布下的衬垫向叼口逐渐位移的缘故。分清上述情况，就能对症处置。

③只印出左半张或右半张：不论是只印出右半张还是只印出左半张，其原因一般是：三滚筒空间不平行；滚筒离合机构有问题；橡皮布吸墨传墨性能明显不均匀（例如左右侧）等。

（二）印刷过程中某一印刷机组突然自动离压

印刷过程中某一个或几个印刷机组突然自动离压。这种现象主要是由控制电路故障引起的。还有可能是个别印刷机组的汽缸电阀出现故障，密封垫圈损坏等。

七、上光故障

（一）上光装置可能出现的故障

①光泽不好、亮度不够。主要原因是：光油黏度太小，涂层太薄；光油涂布不均匀；纸张吸收性太强；涂胶网纹辊网线太细。

解决方法：根据纸张的不同情况适当提高光油的黏度和涂布量，对渗透吸收性强的纸张，可先涂布一层底油。

②印刷品表面UV光油涂不上、发花。主要原因：光油黏度太小，涂层太薄；油墨中调墨油或燥油含量过高；油墨表面已晶化；油墨表面防黏材料（硅油、喷粉）过多；涂胶网纹辊网线太细。

解决办法：对要求上光的产品，印刷时就应采取相应措施，创造一定的条件，光油可适当涂厚些，必要时上底油或采用特殊光油。

③ UV光油附着力不好 。主要原因：印刷品油墨表面晶化；印刷油墨中的助剂不合适；光油本身黏附力不足。

解决办法：印刷工艺要提前考虑上光条件，在已印好的产品上涂布增强附着力的底油。

④光油涂布不匀，有条纹及橘皮现象。主要原因是：光油黏度过高；涂胶网纹辊网线太粗（涂布量过大）、表面不光滑；涂布压力不均匀；光油的流平性差。

解决办法：降低UV光油黏度，减少涂布量，将压力调整均匀，涂布辊应磨细、磨光，加入光亮流平剂。

⑤干燥不好，固化不彻底，表面发黏。主要原因： 若是UV光油，紫外光强度不够；紫外灯管老化，强度减弱； UV光油储存时间过长；不参与反应的稀释剂加入过多；机器速度过快等。

解决方法：在固化速度要求小于0.5s的情况下，一般应保证高压汞灯的功率不小于120W/cm，灯管要及时更新，必要时加入一定量的UV光油固化促进剂，加速干燥。

（二）干燥装置可能出现的故障

①冷却水的温度高于70℃，应放水并检查热量交换器的散热叶片，如有必要，应及时清洁。

②冷却水管道中的流量控制元件发出信号水流受阻。应排水后再重新注入冷却水。

③吹风 / 吸风太少，应检查吹风管是否脏了，检查软管是否有弯瘪。

④加热片不起作用，应由专业维修人员更换加热片。

⑤冷气太少，应检查吹风管是否脏了，检查软管是否有弯瘪。

⑥散热器不起作用，应由专业维修人员或电工更换散热器。

⑦如果纸堆温度过高，印刷品上的油墨会变得很黏，会导致粘纸：如果纸堆温度过低，油墨得不到充分干燥，表面光亮度及抗擦性会下降。为此我们要对纸堆温度给予适当的控制。

八、卷筒纸故障

卷筒纸印刷机与单张纸印刷机的供纸与收纸装置不同，现将卷筒纸印刷机特殊的故障单独列出。

（一）断纸

这是发生在卷筒纸印刷时的最常见故障之一。断纸和接纸失败通常是由几个不同因素同时作用引起的，经常是由某一细小变化触发的。断纸原因也是变化不定的，因此对断纸认识要给予重视。

由于纸带抗拉强度偏低，纸带张力过大；卷筒纸张力或制动器设定不当；润湿液过量；导纸辊平行度异常；印刷速度过快或时快时慢，纸卷接头过多并有裂缝；油墨黏性偏高，橡皮布对纸带的黏着力过大所致。解决的办法是：分析断纸和接纸失败的原因，确定需解决的问题和方法。

（二）黑破

这是卷筒纸印刷时，纸张损耗的一种形式。例如：印刷时由于套印不准、脏版、花版、断带等原因使白纸出现这类印刷错误而有了污损的统称。显然，卷筒纸在如此高速的印刷状态下，作好三平、三勤、三小规范操作，控制好纸带张力并使之稳定是至关重要的。

（三）白破

这是卷筒纸印刷时，纸张损耗的另一种形式。即还未印刷，白纸就有的损耗。例如：纸卷在生产、搬运、装卸和换卷、上卷时的白纸破损或废弃，均称为白破。显然，纸卷在生产、搬运、装卸和换卷、上卷时的规范操作是至关重要的。

（四）卷筒纸在折页前松弛，造成裁切定位发生变化

这主要是橡皮布包衬过度或卷筒纸张力不足，冷却辊的速度太快或折页机速度太慢造成的。

解决方法：用包衬厚度测量仪检查橡皮布包衬，尽量减少橡皮布包衬到推荐厚度，检查折页机的驱动辊的直径。如果裁切老是发生变化，说明这些辊轴可能不够大或已经旧了，或加快折页机的速度，或减慢冷却辊的速度直到卷筒纸的张力正常为止。

（五）卷筒纸在通过折页三角板时起皱

主要原因就卷筒纸运行路线的方向而言，折页三角板方向发生偏离。

解决方法：调整折页三角板的角度或在卷筒纸通过折页三角板之前，在卷筒纸的中心穿孔。

（六）裁切错位

主要原因：卷筒纸张力控制不好。

解决方法：检查供给部分辊轴上的纸张，如辊轴无光泽或有刻痕，则更换辊轴；在印刷机上装上恒定张力进纸装置；检查干燥箱内的收缩量，这可能导致折页过度拉纸或卷筒纸被拉出折页机钳夹，减慢折页机速度或加快冷却辊速度；检查电子裁切装置并适当调整。

（七）劣质折页

主要原因：纸张在干燥箱中脱水，引起了纸张毛糙并在折页时裂开；纸张太厚，产生的折标太厚。

解决方法：使用再润湿系统来恢复纸张的含水量；在能够使油墨干燥的温度范围内，尽量降低干燥温度；在书脊处压褶痕，减少折页时裂开的可能性；在三角板折页装置之前裁切卷筒纸；在折页三角板之前给卷筒纸穿孔。

情境四　印刷品质量客观评价

教学目标

客观检测是以测定印刷品的物理特性为中心，通过检测工具结合印刷质量标准对印刷品的物理特性进行定量检测，然后通过数理统计和必要的综合分析，得出结论。印刷品颜色品质的客观评价是以统计手段计算出主观评价的结果，再将其换算为相应的物理量，作为客观评价标准使用。客观评价法主要采用特定的测量仪器与工具，并对与印刷品图像一起印出的一些标准元素进行测量。只有通过测量，才能在某种程度上使印刷品质自动控制成为可能。

要使印刷色彩在整个印刷过程中保持稳定，主要取决于三个因素，即墨层厚度、网点大小和油墨叠印率。

能力目标

1．能够通过测控条测量实地密度，并完成标定；
2．能够计算和标定印刷相对反差 K；
3．检测和标定印刷叠印率；
4．测控印刷品灰平衡；
5．计算同色密度偏差并完成标定；
6．检测套准精度。

知识目标

1．掌握墨层厚度和墨层密度之间的关系；
2．掌握实地密度和墨层厚度之间的关系；
3．了解网点增大值的检测方法和定标；
4．了解灰平衡定标方法；
5．掌握同色密度偏差的计算方法；
6．掌握同批同色色差的计算方法
7．了解套准精度的检测和定标方法。

客观评价是以测定印刷品的物理特性为中心，通过检测工具结合印刷质量标准对印刷品的物理特性进行定量检测，然后通过数理统计和必要的综合分析，得出结论。印刷品颜色品质的客观评价是以统计手段计算出主观评价的结果，再将其换算为相应的物理量，作为客观评价标准使用。这样可以消除评价中人为因素的影响，由规范化的统一标准公正评价各种印刷品的颜色品质，最终使其更加符合多数人的主观评价标准。客观评价法主要采用特定的测量仪器与工具，并对与印刷品图像一起印出的一些标准元素进行测量。只有通过测量，才能在某种程度上使印刷品质自动控制成为可能。

要使印刷色彩在整个印刷过程中保持稳定，主要取决于三个因素，即墨层厚度、网点大小和油墨叠印率，如图 4-1 所示。这些因素都与我们下面讨论的项目有关。

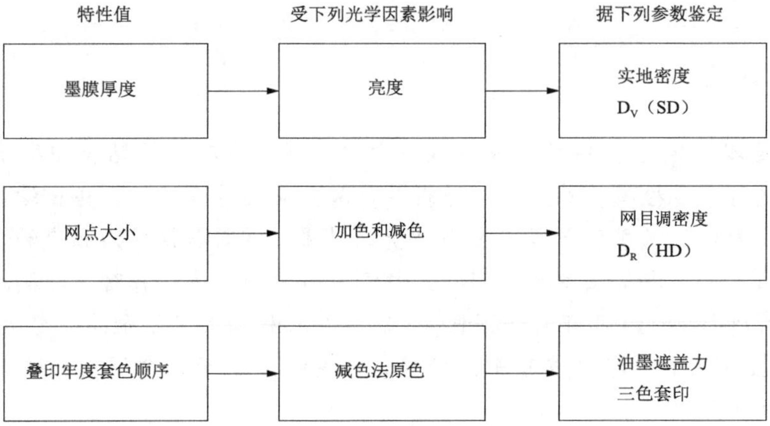

图 4-1　印刷控制的主要指标示意图

一、实地密度

实地密度用 D_V 表示，也称为实地反射密度。 通过图 4-2 可以看出，墨层厚度与密度的关系。

印刷图像的视觉色彩在一定程度上取决于所施墨层的厚度。对于涂料纸来说，0.7~1.1μm 之间的墨层厚度就可以获得正确的色彩位置，根据所用承印物和油墨的情况，平版印刷中的墨层厚度也可能到达 2.5μm。对透明原色来说，墨层厚度的变化中光学上会引起该色的色饱和度变化，墨层亮度也会受到影响，结果就会偏离所规定的色彩位置，从而在印刷过程中造成色彩的变化，此外也限制了所能复制的色彩范围。

墨层密度或墨层厚度的目视检测只能有部分效果而且是不恰当的，但是测量实际墨层厚度值，由于所要求的测量精度高，因而不能够在印刷车间日常工作中使用。因此，密度计就成为印刷车间质量检测与控制所用的主要测量仪器，从而能够检测与控制墨层厚度的不同。

如果一个或多个原色的饱和度（墨层厚度）低于最佳值，那么复制的色彩范围也相应缩小了。

（一）密度的测定

采用符合 ISO 14981 要求的反射密度计。

①彩色反射密度计在使用前必须按使用说明书进行调零校准。

②印有测控条的承印物要放置在平整的平台上，承印物为单面印刷品时，应用标准白色作为衬底。测量时，密度计的测量头要与测控块紧密贴合，以减少测量误差。

③测定实地色块时（原色块、间色块或复色块），分别用蓝紫（B）、大红（R）、绿（G）滤色片测该实地色块的反射密度，即可获得一组（三个）密度值，通常有：D_H 最高密度；D_M 中等密度；D_L 最小密度。现取 D_H 作为该实地色块的主密度（实地密度）D_V。例如，某原色墨（如：黄墨）实地块，用 B、R 和 G 滤色镜测得的其密度值分别为 1.00（D_H）、0.06（D_L）和 0.11（D_M），则用黄墨的补色蓝紫 B 滤色镜测得密度最大值 D_H，即为该黄墨的实地密度 D_V 值（又称为该原色墨的主密度），而其他两密度值 D_M 和 D_L 是黄墨不应有密度。这是因为实际使用的三原色油墨不可能是理想三原色油墨的缘故。

对于某专色实地块来说，若用B、R和G滤色镜测得的一组三个密度值分别为：1.51（D_H）、0.21（D_L）和 1.43（D_M），把 D_H 值作为该专色实地块的实地密度，用 D_V 表示，同时又称此为该专色印刷时的控制密度值。

对于黑墨的实地块，用彩色密度计专用的滤色镜测得的密度值，即为该黑墨实地块的实地密度值 D_V。

（二）实地密度的定义

实地密度 D_V 定义：反射率 ρ_V 倒数的以 10 为底的对数值称为反射密度，被测区域为 100% 网点面积覆盖率的反射密度最大值称为实地反射密度 D_V。

$$D_V = \lg\frac{I_O}{I_F} = \lg\frac{L_O}{L_F} = \lg\frac{1}{\rho_V} = -\lg\rho_V \tag{4-1}$$

式中 I_O——入射光通量；

I_F——反射光通量；

L_O——入射光亮度；

L_F——反射光亮度。

实地密度 D_V 值是测控条上测得的。网目调网目密度 D_R 值也是测控条上测得的。网点面积与被测区域的总面积之比越大，以及给定油墨的膜层厚度越大，则测得的网目调网目密度值也会越大。

（三）墨层厚度和墨层密度之间的关系

墨层厚度和墨层密度之间有着密切关系，墨膜的吸收特性取决于色相、墨层厚度以及油墨色料的性质和浓度。然而由于各原色的色彩位置（色相）已经固定，而且这些原色的色料浓度也已规定于一定范围之内，因此只剩下墨层厚度是印刷操作者所能改变的参数。如图 4-2 所示为墨层厚度和墨层密度之间的关系。

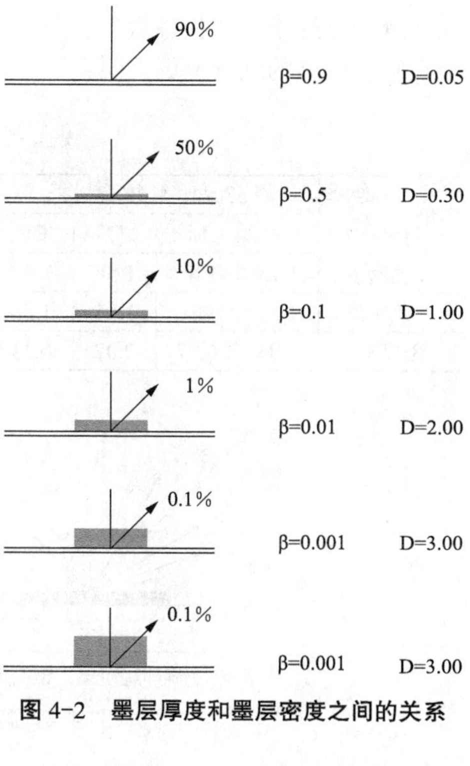

图 4-2 墨层厚度和墨层密度之间的关系

通过图 4-2 可以看出这么一个关系：低墨量，低墨层厚度，淡色相，低吸收率，高反射率，低密度值。高墨量，高墨层厚度，满色相，高吸收率，低反射率，高密度值。

然而，在墨层增加到一定厚度时，再增大墨层厚度则墨层密度也很难再增大。印刷油墨总是会反射一定量的光线，因而不会有无穷大的密度值。

（四）实地密度 D_V 与墨层厚度 δ 的关系

在油墨的着色力一定时，实地密度值 D_V 可以间接地表示该色墨层厚度，如图 4-3 所示。图中垂直虚线的位置 1μm 是平版印刷常用的墨层厚度值，最初实地密度 D_V 随墨层厚度的增加而增加，但随后 D_V 的增量逐渐小于墨层厚度 δ 的增量。当墨层厚度达到某一个值时，即 D_V 达到饱和值 D_{max}（饱和实地密度），此时再增加墨层厚度，实地密度 D_V 不再变化。墨层厚度已与印刷没有什么关系了。

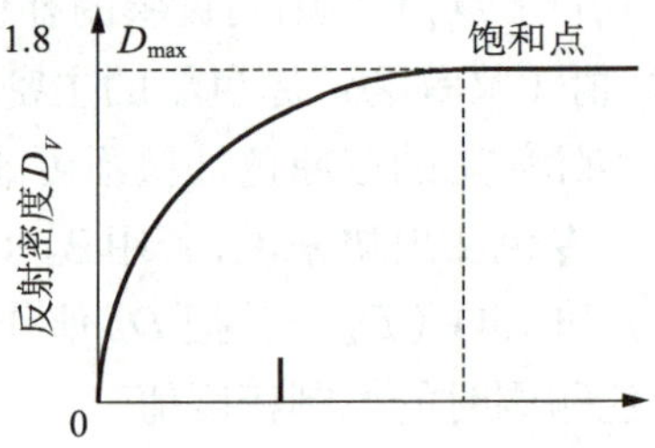

图 4-3　平版印刷四原色墨墨层厚度和密度之间的关系

由于在实际印刷过程中，各色油墨的着色力和配比均已明确，因此控制各色油墨的实地密度，就是控制了各色印迹墨层的厚度 δ。

（五）印迹墨层的湿、干密度差

如表 4-1 所示，表中所用油墨分别为：中黄（Y）05-24、桃红（M）05-15、天蓝（C）05-32 和黑（BK）05-52。这种湿色密度大于干色密度的现象称为干退密度现象。

产生干退现象的原因，要从印迹墨层处于湿、干两种状态时表面反光情况的变化来说明原因。如图 4-4 所示，刚印在纸面上的印迹墨层，由于还处于湿的状态，并具有一定的流平性，所以表面反光以镜面反射为主，从视觉上看表现为色彩鲜艳，光泽好，墨色浓深。当印迹墨层处于干的状态后，表面反光以漫反射为主，色泽比刚印时来得浅而无光。这种现象在吸收性强的纸张上更为明显。

表 4-1　实地印迹墨层的干、湿密度差

实地密度 \ 纸名 / 色别	157g/m² 轧纹涂料纸				150g/m² 双面涂料纸				120g/m² 胶版纸			
	Y	M	C	BK	Y	M	C	BK	Y	M	C	BK
湿色密度	1.15	1.46	1.58	1.67	1.10	1.37	1.55	1.65	1.02	1.27	1.41	1.60
干色密度	1.12	1.39	1.51	1.56	1.05	1.27	1.44	1.45	0.95	1.15	1.26	1.40
密度差	0.03	0.07	0.07	0.11	0.05	0.10	0.11	0.20	0.07	0.12	0.15	0.20

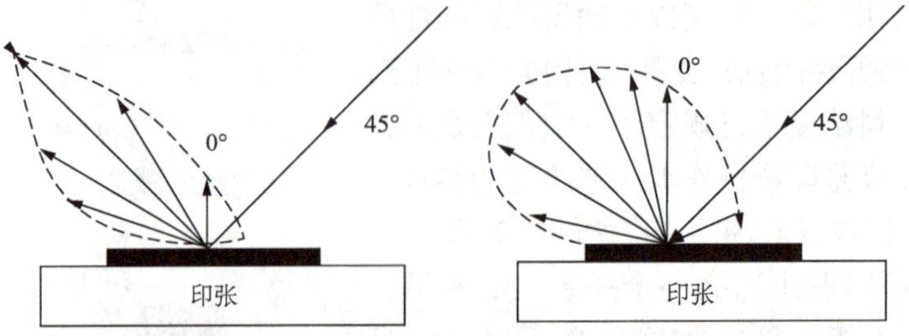

（a）湿印迹墨层：镜面反射为主　　（b）干印迹墨层：漫射光为主

图 4-4　湿和干印迹墨层表面的反光情况

当用彩色反射密度计测定时，如图 4-5 所示。其接受器从墨层表面接受到的反射光量，湿色的明显少于干色的，由于反射密度是入射光通量除以反射光通量的对数值，因此湿色密度大于干色密度。

由于干色密度一般要在印后 30min 之后才能测得，这就给印刷现场印刷质量的测控带来了困难和局限性。

设有偏振镜装置的彩色反射密度计较好地解决了上述问题。如图 4-6 所示，光源 a 发出的光是非偏振光，是由无数线偏振光的无规则组合，它不呈现偏振性质，如图中 b 所示，但经过偏振镜 c 后，就成了单一方向的线偏振光，当这种偏振光入射到印迹墨层上时，就一分为二：一部分被墨层表面 d 反射出来，这部分的光仍然维持原先的线偏振状态；另一部分透过墨层 e，然后被纸面再反射出来，但这束光已被消偏恢复成非偏振光，由于偏振镜 g 的偏振角度与偏振镜 c 相差 90° ，因此，由墨层表面 d 直接反射出来的那束偏振光，正好被偏振镜 g 完全阻挡不能通过；而经过墨层 e 由纸面反射出来的非偏振光 f，却能部分地通过偏振镜 g，被带有滤色镜的接收器 h 接收，转换成密度值。

这种结构的彩色反射密度计，消除了墨层表面反光的成分，所测得的湿色密度与干色密度相当接近，使测得的密度值不受墨层干、湿影响，因此具有可比性强、精确度高的优点。

因此，应该选用具有偏振镜装置的彩色反射密度计，而且必须牌号、型号一致，以消除滤色镜、偏振镜、光源等差别的影响。总之，要使用印刷质量数据化、标准化、规范化控制所规定的密度计。

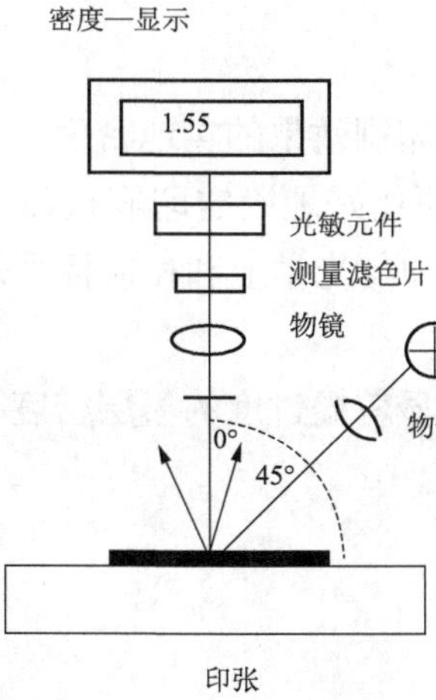

图 4-5　彩色反射密度计结构示意图之一

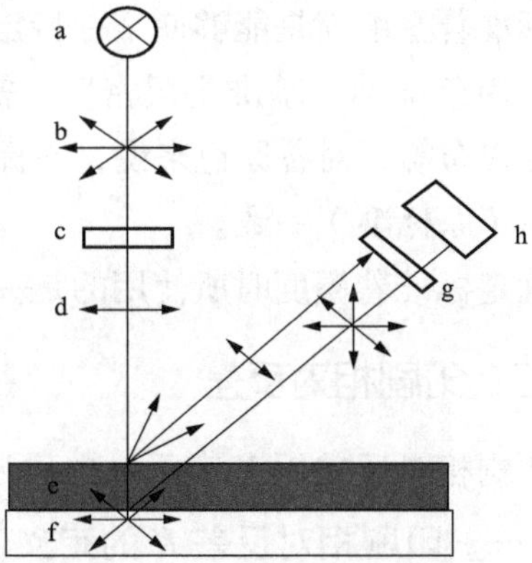

图 4-6　彩色反射密度计结构示意图之二

（六）实地密度 D_V 的标定

1. D_V 的标定值

依据某色实地密度 D_V 标定与该色的最大相对反差 K_{max} 相对应的原则，即 K_{max} 所对应的 D_V 值，即为 D_V 的标定值，具体步骤是：

①在包衬性质合理，入位分配适宜的理想压力条件下，所用承印物相同。

②该印刷机墨斗下墨量从小逐渐加大，但轴向墨量均匀一致，以使设有测控条的印版墨层厚度均匀。印刷时水墨平衡好。

③在上述印刷条件下，印刷达一定数量的印张。

④当印迹墨层达到某一厚度时，相对反差 K 达到极大值 K_{max}（如图 4-7 所示）所对应的 D_V 值，即为该色的实地反射密度标定值。

⑤根据所印产品质量档次的要求，来确定定标 D_V 标定值的上、下限范围。

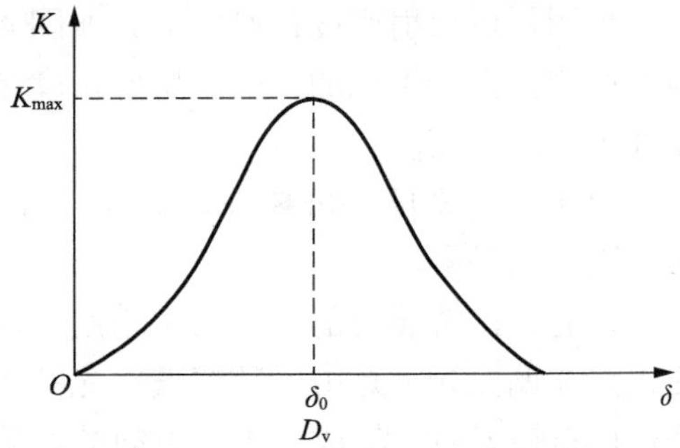

图 4-7　用 K_{max} 定标 D_V 示意图

2. **D_V 定标的意义**

①使印刷顺利进行，不至于发生背面粘脏（蹭脏）或色泽不符合要求的情况。

②在印墨着色力确定的情况下，测控 D_V 就是控制了实际的墨层厚度和墨色的均匀性，并使其他测控项目中的 K、Z_D 等处在规定的允差范围之内。因此，D_V 的测控和定标是客观评判印刷质量的基础。

3. **实地反射密度 D_V 的规范数据**

D_V 的规范数据因印刷油墨及承印物等条件的不同而不同，各色油墨印刷时的 D_V 的标定值不可能一刀切，必须在明确印刷条件的前提下，通过 D_V-K_{max} 关系确定，与之相称的 D_V 值才有意义。例如，一般优质印刷品四色油墨实地密度 D_V 值控制范围为：C 1.45 ± 0.05、M 1.35 ± 0.05、Y 1.05 ± 0.05、K 1.70 ± 0.10。

（七）标准着墨度

标准着墨度就是能够使某一特定承印物和油墨获得最好印刷效果的实地密度。

应用色样确定基准墨层密度，需要确定标准着墨度以便更好地确定印刷机以及选择油墨、橡皮布等，对各原色来说，在标准墨层密度下的实地必须与光学上和相应标准规定的示范样品（原标准）一致。

确定标准着墨度时所使用的是一种从明显着墨不足到明显着墨过度的墨层密度梯度。

二、印刷相对反差

印刷相对反差用 K 表示，也称为相对反差或反差。

（一）印刷相对反差 K 的定义

印刷相对反差 K 定义为：$$K=\frac{D_V-D_{0.75(或0.8)}}{D_V} \qquad （4-2）$$

式中　D_V——该色墨的实地密度值；

$D_{0.75(或0.8)}$——网点面积覆盖率为 75% 或 80% 的网点块的密度值。

例如：3M 彩色印刷测控条中是 80% 的网点块（圆网点），记作 $D_{0.8}$；Brunner 测控条是 75% 的网点块（圆网点），记作 $D_{0.75}$。（4-2）式又称为 Schirmer-Renzer 公式（希尔默—雷泽尔公式）。

印刷反差 K 可以用来检查 75% 或 80% 的网点，印刷反差值表明实地与加网图像之间的反差程度。印刷图像应该具有尽可能高的反差，即实地应具有高密度，但加网后仍然应当印刷出空白处，印出的网点和实地形成反差，当着墨量增加时，各网点的墨层密度只应增加到一定限度，当墨层厚度超过此限度时，网点就会增大，特别是 75% 或 80% 的网点就会造成填满，这将减少空白表面所占的比例，因而使反差减弱。如图 4-8 所示为印刷反差与着墨量的关系示意图。

印刷反差 K 可以用来检查 75% 或 80% 的网点质量，例如，如果实地墨层密度 D_V 在生产中保持恒定但印刷反差值却下降了，就可能表明橡皮布需要清洗了。此外在实地密度 D_V 不变的情况下，反差值的变化可用来分析影响印刷质量的各个因素，如：印刷胶辊、印刷压力、衬垫、橡皮布、润版液、油墨和添加剂等。

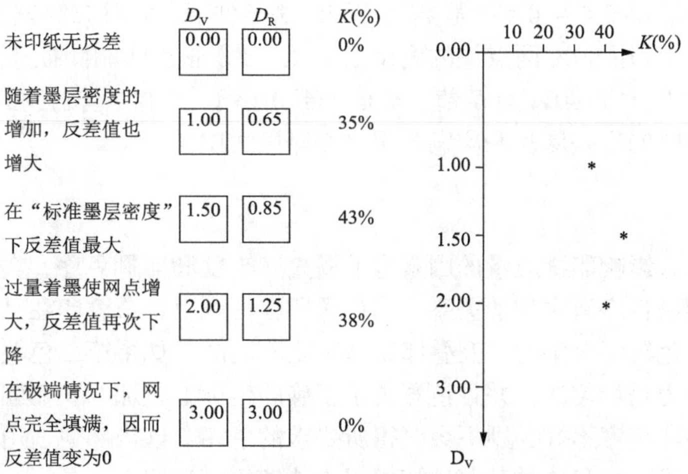

图 4-8　印刷反差与着墨量的关系示意图

（二）相对反差 K 测定区域的选取

国内外印刷界选择网点面积覆盖率为 75% 或 80% 的圆网点作为测定 K 值的网点密度读取块，这是因为：此区域是圆形网点开始连接（78.54%）的区段，又是中间调步入低调的过渡段。此区域的网点变化，视觉上最敏感。此区域最能反映印刷品是否有足够的层次反差和印迹墨层厚度是否合适等。

（三）相对反差 K 的标定

①借助 D_V-K_{max} 关系定标实地反差密度 D_V 的办法同时也对相对反差 K 做了标定。所做的标定测试同 D_V 的标定测试相同，找出 K_{max} 值，而 D_V 的标定范围 $D_V \pm \Delta D_V$，其中 K_{max} 与（$D_V + \Delta D_V$）及（$D_V - \Delta D_V$）相对应，此时相对反差 K 控制在（K_{min} ~ K_{max}）之内。

②只有当实测相对反差 K 处于（K_{min} ~ K_{max}）之内时，才符合质量要求。若，实测 K 值 $>K_{max}$ 时，表明 75% 或 80% 处存在网点缩小的问题（或称为“花版”的工艺问题）；若实测 K 值小于 K_{max} 时，表明 75% 或 80% 处存在过量的网点增大问题（或称为“糊版”弊病）。

③印刷反差 K 值的规范数据。对于高光泽涂料纸各式图文印迹，在意大利评判标准是印刷反差 $K>0.45$，是印刷质量极好的产品，$K=0.35$ ~ 0.45 是好的产品，$K=0.25$ ~ 0.35 是可以接受的产品，$K<0.22$ 是不能接受的产品，如表 4-2 所示。

表 4-2 相对印刷反差 K 值规范数据（意大利）

纸张种类 \ 油墨分类 \ K	印刷反差	
	Y、M、C	BK
高光泽涂料纸	0.30 ~ 0.45	＞0.50
高光泽涂料纸	0.30 ~ 0.40	＞0.45
压光胶版纸	0.28 ~ 0.35	＞0.40
未压光胶版纸	0.25 ~ 0.35	＞0.35
手工抄造的粗纸	0.22 ~ 0.28	＞0.30

优质印刷品的 K 值控制范围为：黄墨 K=0.25 ~ 0.3，品红墨 K=0.3 ~ 0.35，青墨 K=0.30 ~ 0.35，黑墨 K=0.4 ~ 0.45。显然在相同印刷条件下，采用 75% 网点块的测试条（如：Brunner 测控条）与采用 80% 网点块的测试条（如：3M 彩色印刷测控条）的 K 的标定值是不同的，75% 的 K 值大于 80% 的 K 值，K 是大于 0 小于 1 的数。测控相对反差 K 是为了了解印刷品是否有足够的反差层次和印刷墨层是否厚度适中。

三、叠印率

如图 4-1 所示，影响印刷质量的因素有油墨叠印牢度和印刷色序，实际上就是叠印率。油墨叠印牢度和印刷色序有密切的关系，当色墨印在白纸上，或叠印在已印好及干好的印张上，或者 2 到 4 个色墨湿对湿地相互叠印，情况是不同的。如果第二色叠印，例如将品红印到青色上，而遮盖力是均匀的，并且色彩位于正确的坐标上，那么我们就认为油墨叠印牢度良好；如果油墨叠印牢度不好，则不会获得所要求的色相。这当然也适用于其他混合色彩。结果色彩范围缩小了，而色彩的某些浓淡情况不能够复制出来。

在实际工作中采用不同印刷色序其印刷结果是不同的，如图 4-9 所示。虽然在两种情况下印版着墨量相等，而且只印一个色彩对承印物上的墨层厚度也相等，但当把两种色彩叠印时，所印的第二色彩不会被完全接收。因此，当品红和青色叠印以便形成紫色时，如果印刷色序是品红 / 青色，紫色就会变得偏红，但如果印刷色序是青 / 品红色，紫色就会变得偏蓝，后印的色彩也会显得较不光亮，如图 4-9（彩图 24）所示。

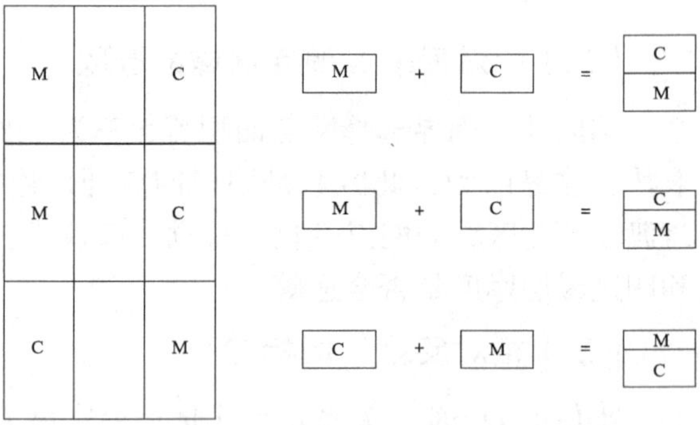

图 4-9 C 和 M 油墨三种叠印情况示意图

（一）叠印率的定义

叠印率 T 是指三原色实地块之间，待印原色实地块的主密度转移到先印原色墨层上的百分率（%）。因此，就 Y、M、C 三原色实地块来说，其叠印率计算公式有：

$$T_{1+2}=\frac{D_{1+2}-D_1}{D_2}\times 100\% \qquad (4\text{-}3)$$

$$T_{1+3}=\frac{D_{1+3}-D_1}{D_3}\times 100\% \tag{4-4}$$

$$T_{2+3}=\frac{D_{2+3}-D_2}{D_3}\times 100\% \tag{4-5}$$

$$T_{1+2+3}=\frac{D_{1+2+3}-D_{1+2}}{D_3}\times 100\% \tag{4-6}$$

上述公式是在已知色序的前提下，通过彩色反射密度计对测控条中的叠印率测控段的一次色（原色）实地块，二次色（间色）实地块和三次色（复色）实地块，按照相应公式中分母项原色主密度（D_V）测定所规定使用的滤色镜而测得的，并扣除了承印物对应的密度：一次色实地密度、二次色实地密度以及三次色实地密度。测定步骤和要求都是由叠印率的定义引申而得的。

（二）检测叠印率的意义

测控叠印率 T 的意义是为了避免出现湿叠湿或湿叠干时，叠印率过低的弊病（湿的印不上或干的印不上），以满足三原色重叠处色调还原的要求。

①不同的印刷色序，一般具有不同的叠印率。

②不同类型的印刷机（单色机、多色机；三滚筒型、卫星型或半卫星型等），叠印效果也不同。

③除此以外，还与印刷墨层的厚度，先印墨层的固着性能及牢度，油墨的黏性及相互间的黏着性（如果是平版胶印的话更有：润湿液的性能及水墨平衡状态等）有关。

（三）计算叠印率的前提条件

光凭上述叠印率的计算公式，仍不能求得叠印率数值。还必须已知：①印刷色序；②待测的原色实地块、间色实地块和复色实地块；③所使用的彩色反射密度仪的性能、特点和型号。

例如，某印件的印刷色序是：青 C、品红 M、黄 Y，由某彩色反射密度仪测得的密度值如表 4-3 所示。表中密度值均是以承印物作为标准白场校正后测得的数据，即扣除了承印物的对应密度值的结果。利用贝利雷斯公式 (GATF) 对表 4-3 数据进行计算，则得：

表 4-3　某彩色反射密度仪测得的密度值

颜色	R	G	B
黄 Y	0.02	0.06	1.04
品红 M	0.08	1.14	0.52
青 C	1.02	0.30	0.08
大红 R = M + Y	0.11	1.20	1.54
绿 G = C + Y	0.99	0.37	1.12
蓝紫 B = C + M	1.06	1.42	0.54
黑 BK = C + M + Y	1.08	1.43	1.55

$$T_{1+2}=\frac{D_{1+2}-D_1}{D_2}\times 100\%=\frac{1.42-0.30}{1.14}\times 100\%\approx 98.25\%$$

$$T_{1+3}=\frac{D_{1+3}-D_1}{D_3}\times 100\%=\frac{1.12-0.08}{1.04}\times 100\%=100\%$$

$$T_{2+3}=\frac{D_{2+3}-D_2}{D_3}\times 100\%=\frac{1.54-0.52}{1.04}\times 100\%\approx 98.08\%$$

$$T_{1+2+3}=\frac{D_{1+2+3}-D_{1+2}}{D_3}\times 100\%=\frac{1.55-0.54}{1.04}\times 100\%\approx 97.12\%$$

而布鲁纳尔 (Brunner) 公式为；

$$T_{1+2}=\frac{1-10^{-D_{1+2}}}{1-10^{-(D_1+D_2)}}\times 100\% \qquad （4-3）*$$

$$T_{1+3}=\frac{1-10^{-D_{1+3}}}{1-10^{-(D_1+D_3)}}\times 100\% \qquad （4-4）*$$

$$T_{2+3}=\frac{1-10^{-D_{2+3}}}{1-10^{-(D_2+D_3)}}\times 100\% \qquad （4-5）*$$

$$T_{1+2+3}=\frac{1-10^{-D_{1+2+3}}}{1-10^{-(D_1+D_2+D_3)}}\times 100\% \qquad （4-6）*$$

由表 4-3 数据计算得：

$$T_{1+2}=\frac{1-10^{-D_{1+2}}}{1-10^{-(D_1+D_2)}}\times 100\%=\frac{1-10^{-1.42}}{1-10^{-1.44}}\times 100\%=99.82\%$$

$$T_{1+3}=\frac{1-10^{-D_{1+3}}}{1-10^{-(D_1+D_3)}}\times 100\%=\frac{1-10^{-1.12}}{1-10^{-1.12}}\times 100\%=100\%$$

$$T_{2+3}=\frac{1-10^{-D_{2+3}}}{1-10^{-(D_2+D_3)}}\times 100\%=\frac{1-10^{-1.54}}{1-10^{-1.56}}\times 100\%=99.87\%$$

$$T_{1+2+3}=\frac{1-10^{-D_{1+2+3}}}{1-10^{-(D_1+D_2+D_3)}}\times 100\%=\frac{1-10^{-1.55}}{1-10^{-1.64}}\times 100\%=99.46\%$$

（四）叠印率的标定

①叠印率 T 是界于 0% ~ 100% 之间的值。T=100%, 表明后印色的叠印率极好，如同直接印在承物上的效果一样；若 $T=0\%$，说明出现了极端的“湿”的印不上或者“干”的印不上的工艺故障，必须及时解决。

② T 的标定要和产品档次、印刷油墨的适性优劣相对应。精细（高档）印刷品及优质油墨印刷时 T 要控制在较高的百分数之内，将近 100%。显然，这要具体情况具体分析，不能千篇一律，它又和印刷色序、墨层层数、墨层厚度等因素有关。

③ T 的测控，其一次色密度 D_1、D_2、D_3；二次色密度 D_{1+2}、D_{1+3}、D_{2+3} 以及三次色密度 D_{1+2+3} 都是从紧靠在一起的一次色实地块、二次色实地块和三次色实地块上测得的，不可舍近求远。

④测定和计算叠印率 T 的重要性。叠印率的高低反映了多色印刷叠色部位呈色效果优劣的一个质量指标，成为评判印刷质量好坏的一个测试项目。为此，许多发达国家把原色、间色和复色实地块作为印刷质量测控条所必需具备的基本段块，还根据叠印率 T 的大小，

来划分印刷产品质量的等级。在意大利一般认为：

T=95% ～ 100% 是极好的印刷产品；

T=85% ～ 95% 为好的印刷产品；

T=70% ～ 85% 是可以接受的印刷产品；

T<70% 为不能接受的产品。

总之，叠印率 T 的测试和计算已经成为客观评判印刷质量优劣的一个重要方面。

四、网点增大值

网点增大值 Z_D 也称为网点增大率。

（一）网点增大值 Z_D 的定义

网点增大值是指承印物上网点的实际面积覆盖率 F_D 和印版对应处的网点实际面积覆盖率 F_F（又称为测控条上某网点块的标称面积覆盖率）之差，用符号 Z_D 表示。则有：

$$Z_D = F_D - F_F \tag{4-7}$$

对于压力印刷来说，网点增大是不可避免的，其中又因平版胶印是间接印刷，所以它的网点增大情况比其他压力印刷方法来得严重，反之对平版胶印来说，测控网点增大值当然格外重要。

（二）网点增大值 Z_D 的检测

检测网点增大值的方法有多种，比较精确的有以下三种：

（1）Δ值法

使用带刻度的高倍放大镜（刻度为 0.001~0.01mm），观察晒制在印版上和印刷在承印物上对应的网点大小。则对于圆网点有：

$$\Delta = R_2 - R_1 \tag{4-8}$$

式中　Δ——圆形网点半径方向的增量，cm；

R_1——晒制在印版上的某圆形网点的半径，cm；

R_2——印刷在承印物上的该圆形网点的半径，cm。

正方形网点则有：

$$\Delta = \frac{B_2 - B_1}{2} \tag{4-9}$$

式中　Δ——正方形网点边长上的单向增量，cm；

B_1——晒制在印版上的某正方形网点的边长，cm；

B_2——印刷在承印物上的该正方形网点的边长，cm。

在承印物、油墨、墨层厚度、水墨平衡、印刷压力等印刷条件都不变的前提下，对于不同网点面积覆盖率、不同网点点形和不同网线线数（线 / 厘米）的网点来说，Δ 是一个常数。

在恒定的 Δ 值条件下，可计算出常用的网点点形（如圆形的和正方形的等），不同网线线数和不同面积覆盖率的网点增大值 Z_D，通过对照比较，就会发现：

①在网线线数和网点点形相同的前提下，面积覆盖率为 50% 的正方形网点的增大值最大。

②在网点点形和网点面积覆盖率相同的条件下，网点线数越高，网点增大值也越大。

③在网点面积覆盖率和网线线数不变的条件下，圆形网点的增大值最小。

形成上述三个重要特点的根本原因是：在单位面积内（$1cm^2$），网点边缘长度之和越大，网点增大值也越大，否则，反之。

（2）默瑞—戴维斯（Murry-Davis）公式法

$$F_D = \frac{1-10^{-D_R}}{1-10^{-D_V}} \times 100\% \tag{4-10}$$

例如，由彩色反射密度计测得：白纸的密度调零为 $D_W = 0.00$，以消除纸张灰度和色偏的影响；某原色实地密度 $D_V = 1.60$；标称面积覆盖率为 $F_F = 75\%$ 的网点密度值 $D_R = 0.90$, 则网点实际覆盖率 F_D 由式（4-10）求得：

$$F_D = \frac{1-10^{-0.9}}{1-10^{-1.6}} \times 100\% \approx 89.7\%$$

该处的网点增大值 Z_D 为：

$$Z_D = F_D - F_F = 89.7\% - 75\% = 14.7\%$$

如果已知某色实地密度 D_V 值以及该色网点面积覆盖率 F_D 值，也可由式（4-10）的变换公式：

$$D_R = \lg \frac{1}{1 - F_D \dfrac{(1-10^{-D_V})}{100\%}} \tag{4-11}$$

求得其网点密度值 D_R。

例如，已知 $D_V = 1.60$，$D_w = 0.00$，$F_D = 70\%$，则该网点的密度值为：

$$D_R = \lg \frac{1}{1 - 70\% \dfrac{(1-10^{-1.60})}{100\%}} \approx 0.50$$

（3）尤尔—尼尔森（Yule-Nielsen）公式法

测算网点增大值的尤尔—尼尔森公式法与上述的默瑞—戴维斯公式法的区别，只是后者在测算 Z_D 值时，是把机械性网点增大和光学性网点增大（简称光渗）合在一起所得的网点增大值，没有剔除光渗因素。尤尔—尼尔森公式则去除了光渗的影响，只考虑机械性网点增大的作用。故某处网点实际覆盖率为：

$$F_D = \frac{1-10^{-\frac{D_R}{n}}}{1-10^{-\frac{D_V}{n}}} \times 100\% \tag{4-12}$$

式中　n——尤尔—尼尔森修正系数；

D_V——某色实地密度；

D_R——该色标称覆盖率为 F_F 的网点主密度。

例如，用彩色反射密度计测得某青墨实地密度 $D_V = 1.60$, 在标称覆盖率为 70% 的青色网点测控块处的主密度 $D_R = 0.90$，根据 Murray-Davis 公式法求得该处网点的实际覆盖率 F_D 为：

$$F_D = \frac{1-10^{-D_R}}{1-10^{-D_V}} \times 100\% = \frac{1-10^{-0.9}}{1-10^{-1.6}} \times 100\% \approx 89.7\%$$

网点增大值为：

$$Z_D = F_D - F_F = 89.7\% - 70\% = 19.7\%$$

若采用式（4-12）即 Yule-Nielsen 公式法，已知尤拉—尼尔森修正系数 n=1.5, 则

$$F_D = \frac{1-10^{-\frac{D_R}{n}}}{1-10^{-\frac{D_V}{n}}} \times 100\% = \frac{1-10^{-\frac{0.9}{1.5}}}{1-10^{-\frac{1.6}{1.5}}} \times 100\% = \frac{0.749}{0.914} \times 100\% \approx 82\%$$

相应的网点增大值 Z_D 为：

$$Z_D = F_D - F_F = 82\% - 70\% = 12\%$$

前者求得 Z_D=19.7%，实际是机械性网点增大与光渗（光学性网点增大）共同作用的结果；后者求得的 Z_D=12%，是剔除了光渗影响的几何面积覆盖率后的纯机械性的网点增大。

所谓光渗现象如图 4-10 所示，是由于入射光投射到印张上时，有一部分进入承印物内部，并在那里部分扩散，在印迹墨层下方的那部分光被吸收，从而造成反射密度 D_R 的提高，所以在式（4-10）即默瑞—戴维斯公式所求得的 Z_D 值，实质是两种网点增大的共同结果。

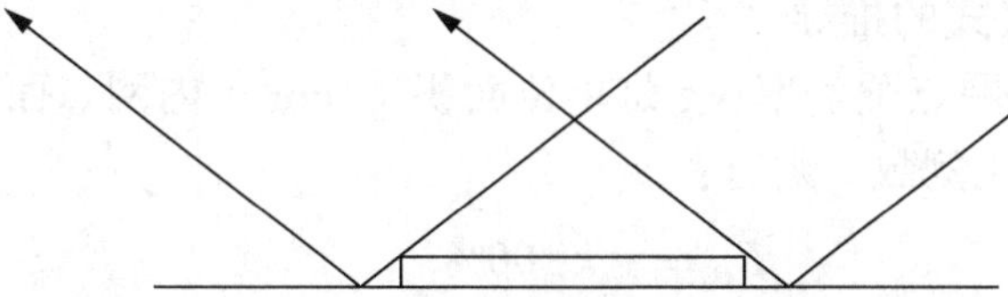

图 4-10 光渗现象示意图

光渗作用的大小取决于承印物的光扩散程度、网线线数、网点形状、网点覆盖率以及彩色反射密度计的测量孔径等，为了使测试数据具有一定的可比性，必须使上述众多因素尽可能统一规定。

由此可见，Yule-Nielsen 修正系数 n 是一个反映光渗程度大小的量。承印物的光扩散性能越好，网线线数越高，n 值也就越大。n 值的确定要根据承印物、网点大小、网点密度、网线线数、油墨和制版等条件的不同，反复试验确定，表 4-4、表 4-5 和表 4-6 是国外有关资料上发表的 n 值范围，可供参考。当 n=1 时，式（4-12）成为它的特例式（4-10）。

表 4-4 Yule-Nielson 发表的 n 值的范围

纸张种类 / 网线线数（线 / 英寸）	涂料纸	非涂料纸
65（26 线 / 厘米）	1.3	2.0
150（60 线 / 厘米）	1.8	—
300（120 线 / 厘米）	3.0	—

表 4-5　及川善一郎发表的 n 值范围

网线线数（线 / 英寸）\ 纸张种类	铜版纸	胶版纸
60（24 线 / 厘米）	1.2	1.8
85（34 线 / 厘米）	1.2	2.2
100（40 线 / 厘米）	1.6	3.8
133（54 线 / 厘米）	1.8	5.0
150（60 线 / 厘米）	2.0	5.0

表 4-6　美国 B.E.Tory 推荐的 n 取值范围

网线线数（线 / 英寸）\ 纸张种类	涂料纸	非涂料纸 A	非涂料纸 B
65（26 线 / 厘米）	1.3	2.2	2.0
150（60 线 / 厘米）	1.8	5.0	3.0
300（120 线 / 厘米）	2.5	10.0	3.0

（4）Murray–Davis 公式的推导

设：F_D 为单位面积内网点覆盖率；g 是单位面积（$1cm^2$）内网点面积所占的比例数；W 为单位内空白部分所占的比例数。则有：

$$F_D = g \times 100\% \tag{4-13}$$

$$g + W = 1 \quad 0 \leqslant g \leqslant 1 \tag{4-14}$$

当 $g = 0$ 时，表明单位面积中均为空白部分，没有任何图文；$g = 1$ 时，表明单位面积内全为图文部分，即实地。

当单位面积内有覆盖率为 F_D 的网点时，此时的反射率 ρ_R 是两个乘积之和；即白纸的反射率 ρ_W 乘单位面积内空白部分所占比例数 W 与实地反射率 ρ_V 乘单位面积内网点所占比例数 g 之和，即：

$$\rho_R = \rho_W \times W + \rho_V \times g$$

$$= \rho_W \times (1 - g) + \rho_V \times g$$

因为未经印刷的白纸用密度计测定时，要以其反射密度 $D_W = 0.00$ 为校零基准，即 $\rho_W = 1.00$。则：

$$\rho_R = 1 - g + \rho_V \times g$$

$$1 - \rho_R = g(1 - \rho_V)$$

$$g = \frac{1-\rho_R}{1-\rho_V} \tag{4-15}$$

根据反射密度的定义可得：

$$D_R = \lg \frac{1}{\rho_R} = -\lg \rho_R$$

则：

$$\rho_R = 10^{-D_R} \quad (4\text{-}16)$$

又因：

$$D_V = \lg \frac{1}{\rho_V} = -\lg \rho_V$$

则：

$$\rho_V = 10^{-D_V} \quad (4\text{-}17)$$

把式（4–16）和式（4–17）代入式（4–15）中得：

$$g = \frac{1-10^{-D_R}}{1-10^{-D_V}} \quad (4\text{-}18)$$

把式（4–18）代入式（4–13）中得：

$$F_D = \frac{1-10^{-D_R}}{1-10^{-D_V}} \times 100\%$$

由此可见，Murray–Davis 公式（4–10）是由实地反射密度 D_V 和白场反射密度 D_W 以及单位面积内网点所占比例数 g 的定义出发，推导而得的，其数学公式的物理意义是明确的。只是借助密度计测定网点密度时，不可避免地会把光渗因素包括进去，产生实测 F_D 值大于理论计算值的情况。

如前所说，印刷产品首先是视觉商品，两种类型的网点增大（机械性网点增大和光渗，又称为网点的几何面积扩大和光学性网点增大）的综合结果，不仅不可避免地进入密度计的接收器，而且也不可避免地进入人们眼睛，引起视觉效果。因此 Murray–Davis 公式法测算网点增大值确有它的实用价值。

（三）网点增大值 Z_D 的定标

1. 影响网点增大值 Z_D 的因素

Z_D 的允差范围除了和墨层厚度 δ，网点点形、网线线数、网点面积覆盖率，印刷用纸有关外，还与压印方式、包衬性质、水墨平衡等条件有关。

2. 网点增大值 Z_D 的标定

Z_D 的标定还和产品档次、承印物的平滑度有关。产品质量要求高，用平滑度高的承印物印刷时，要把 Z_D 控制在较小的范围内，才能符合印刷质量要求。此时，在印刷前对各阶调网点增大值的实测及印前预作校正，就显得必不可少。

3. 实际印刷时的网点增大值 Z_D 与以下因素有关

①印迹墨层厚度。

②印版深浅。

③油墨流性能及乳化程度。

④印刷压力及包衬性质。

⑤着墨辊的压力。

⑥转印方式（直接印刷或间接印刷）。

⑦橡皮布的可压缩性等。

4. **网点增大是两部分因素共同作用的结果**

①机械性网点增大：承印物上单位面积内图文墨层实际面积大于原版（或印版）上对应区域的图文面积，是图文印迹墨层在压力作用下，向四周铺展所致。

②光学性网点增大（光渗）：图文边缘四周由于墨层厚度的客观存在（尽管墨层厚度通常很薄，一般是微米级的），但却造成了视觉上的图文面积大于承印物上图文的实际面积。这是图文边缘由于光渗存在而形成的阴影的缘故。

5. **网点增大值 Z_D 与网点增大率的差别**

$$Z_D=F_D-F_F$$

$$\text{网点增大率}=\frac{F_D-F_F}{F_F}\times 100\% \tag{4-19}$$

在印刷过程中，网点增大值 Z_D 比网点增大率更具有工艺意义，因为网点增大值 Z_D 是印前对各阶调网点预作校正的依据。

6. **网点增大值控制数据介绍**

在意大利网点增大值通常控制数据如表 4-7 所示。

表 4-7　网点增大值控制数据

Z_D 印刷方法 / 60 线 / 厘米的 50% 网点所印刷的纸张	网点增大值 Z_D		
	平张纸四色印刷	卷筒纸四色胶印	凹版印刷
高光泽涂料纸	12%~15%	10%~14%	6%~10%
无光泽涂料纸	14%~20%	13%~18%	8%~12%
压光的胶版纸	19%~26%	17%~23%	12%~16%
未压光的胶版纸	25%~33%	22%~29%	16%~20%
手工抄制的粗纸	32%~46%	28%~36%	0%~26%

（四）测控网点增大值 Z_D 的意义

网点作为图文的基本单位——像素，由印版转到承印物表面不可避地存在着增大（不论是光渗还是机械性网点增大），如果对 Z_D 不加测控，会使印刷品上的色调明显偏离原稿。如图 4-11 所示，印版上 50% 的网点，转印到承印物上竟成了 65% 的网点；印版上 95% 的网点，转印到承印物上竟成了 100% 的实地等。网点转移时的实际曲线是一条处于理想转移曲线（图 4-11 的一条对角线）上方的弧线。

因此，在各种印刷条件都已明确的情况下，测得的网点实际转移曲线，对于（制版）印前的高、中、低三个区域网点复制定标具有极其重要的意义。对于打样和印刷时的网点转移，进行三点测控也具有十分重要的作用。为此，瑞士的 GRETAG 测控条（CCS）是控制 15%、45% 和 75% 三点；HEIDELBERG 的 CPC 程控测控条是测控 20%、40% 和 80% 三点；FOGRA 的 PMS I 精密测控条，通过 S 区段的（7%）、M 区段（39%）和 T 区段（80%）三段控制。由于 7% 区域的网点增大及密度测定会有较大的误差，因此，FOGRA 对网点增大值给出了自己的控制范围，如表 4-8 所示。

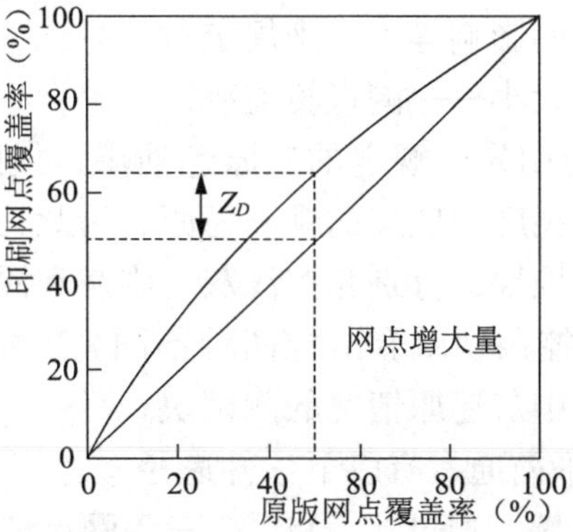

图 4-11　网点转移（原版—承印物）曲线

表 4-8　FOGRA PMS I 测控条网点增大值测控范围

承印	铜版纸或涂料纸		非涂料纸	
	M 区段（39%）	T 区段（80%）	M 区段（39%）	T 区段（80%）
F_D	50% ~ 60%	89% ~ 93%	57% ~ 63%	91% ~ 95%
Z_D=F_D-F_F	11% ~ 21%	9% ~ 13%	18% ~ 24%	11% ~ 15%

网点增大现象在信号块段上的应用。由网点增大的 Δ 值测控法得知，在网点点形和网点面积覆盖相同的情况下，网线数越高，网点增大值就越大。因此，GATF 数码信号条就利用了这种现象。0 ~ 9 十个数码是由 80 线 / 厘米的网点构成。十个数码的密度各不相同，从 0 ~ 9 逐级下降，此数码放在由 26 线 / 厘米大小均匀的网点构成的衬底中，其中数码 2 的密度不论是阳图还是阴图总与底色密度相同，因此在正常情况下，数码 2 很难被眼睛辨认出来（正常时数码 2 的网点覆盖率为 50%）。

在印刷过程中，如果发生网点增大（Δ 为正值）或网点缩小（Δ 为负值）时，与底色密度一致的数值就会向大于 2 的数码（网点增大）或小于 2 的数码（网点缩小）方向移动，数码 7 ~ 9 之间，每移动一级，网点覆盖率有大于 5% 的变化；0 ~ 7 之间，每移动一级，网点覆盖率变化在 3% ~ 5% 之间。

同理，GATF 的星标信号条，其楔形线的扩张宽度 *S* 实质是和 Δ 值一一对应的。

五、灰平衡

（一）灰平衡的定义

所谓灰平衡就是指一组三原色油墨，根据各自不同的网点（面积）覆盖率和色密度，做三色加网印刷，所获得的不同亮度（即：浅灰、中灰和深灰）灰色的程度。

检测灰平衡的意义：印刷过程中，只有实现了不同亮度的灰色平衡，才能使印刷品在色彩还原上与原稿（付印样）十分接近。

（二）灰平衡测控方法与被测区段

就印前准备（制版）来说，要在已确定的三原色油墨的基础上，结合已有的其他印刷条件（承印物的呈色性、印刷色序、叠印率、网点增大值、原色实地密度、印刷反差、实际水墨平衡状态对油墨呈色情况的影响等），来规定黄、品红、青三原色油墨分别在浅、中、深三个区域灰色里各自网点的大小——网点覆盖率。

对于印刷来讲，就应该使用先前规定的三原色油墨，按照上述印刷条件，进行印刷和现场的及时测控，以保证不同亮度中性灰的顺利还原。为此，一个功能完善的印刷测控条至少应该有三个控制灰平衡的测控块，分别测控浅灰、中灰和深灰的还原情况。

例如：3M 的彩色印刷测控条中就有测控两种不同亮度中性灰的测控单元。在 Brunner 测控条里有六处测控同一亮度中灰还原情况的测试块。

（1）制版过程实施灰色平衡通常有以下三种途径

①用实际使用的三原色油墨，通过 Y、M、C 三色网点渐变叠印的印版，印制成专用色谱。如果每一原色的网点渐变分为 50 级，则可得到 125 000 个叠印块，在其中势必有 50 个亮度等级渐变的中性灰，从而得到 50 组不同覆盖率配比的 Y、M、C 网点组合，供制版选用或供印刷检查中性灰时作为比较的基准。

这种方法能提供较准确的灰平衡数据——构成不同亮度等级中性灰的三原色网点覆盖率的配比数据。但由于要制作专用色谱，因此比较麻烦。

②直接找出图像或灰梯尺的灰色部分。凭经验分析估算其中 Y、M、C 三原色的网点比例。这种方法需要收集有关中性灰平衡的数据，依靠日长月久的积累经验，往往还不能达到真正的中性灰平衡。

③中性灰网点比例值的计算法。这种计算方法很多，如考虑到视觉中性灰密度的等量中性灰密度法（Equivalent neutral density），简称 END。这些计算法，都需要了解实际三原色油墨的呈色性能，测定油墨的色相误差（色偏）$=\dfrac{D_M-D_L}{D_H-D_L}\times 100\%$、灰度$=\dfrac{D_L}{D_H}\times 100\%$和效率$=\left(1-\dfrac{D_M+D_L}{2D_H}\right)\times 100\%$。

由于三原色油墨呈色的特点，决定了构成不同亮度等级中性灰的三原色网点比例的一般原则是，C 的网点面积最大，Y 和 M 的网点面积相等。

（2）印刷过程中对灰平衡的测控

通常也有三种途径：

①目测比较法。目测比较测控条中灰平衡块或者目测比较图像中的中性灰部分的还原情况，参照的基准应是专用色谱中的中性灰。

②密度测量法。用彩色密度计的三个滤色片 R、G、B 分别测定测控条的灰平衡块，获得三个密度值与专用色谱中的中性灰块对应的 R、G、B 测定值进行比较对照，然后做出判断。

③色度测量法。通过色差计直接测量图像色彩和灰色部分并同标准样张（例如付印样）的测量值对照比较。

（3）被测区段

视测控条的不同而不同：

① 3M 彩色印刷测控条就有两种不同亮度的中性灰块，供灰平衡测控之用。

② Brunner 测控条有重复出现六处的同一亮度设计的中性灰块，供灰平衡测控之用。

（三）影响灰平衡的主要因素

①理想三原色油墨与实际三原色油墨的差别。

②实际滤色片与理想滤色片的差异。

③实际三原色油墨与实际滤色片的差别。

④实际光源与理想光源的差距。

⑤实际承印物同理想承印物的误差。

⑥实际三原色油墨同乳化了的三原色油墨的不同。

⑦灰平衡块的网点点形、网点线数、网点面积覆盖率与实际印品中的中性灰的网点点形、网线线数及网点面积覆盖率的区别等。

⑧实际感光材料与理想感光材料之间的差异。

（四）灰平衡的定标

真正的灰色是消色（非彩色）系统中某一亮度的、饱和度与色相均为零的颜色，如用色度计来测量，它在 CIE1976 L*a *b * 的均匀空间中的色度值必然是：L*>0，| a* | = | b* | =0。如用彩色反射密度计来测量，则三个密度值为：$D_R = D_G = D_B > 0$。

灰平衡实现得是否适当（即灰平衡的定标）要视产品档次而定。灰平衡实施得越好，意味着印刷品在色彩还原上十分逼真于原稿。

用实际使用的三原色油墨 Y、M、C，在具有 Y、M、C 网点面积覆盖率渐变的 Y、M、C 印版上进行套色印刷，印制成专用色谱。

如果每一原色的网点制成渐变等级为 50 级的梯变印版，则三色版套色印刷理论上来说可得到 $(50)^3 = 125\,000$ 个叠色块。在这其中可有 50 个亮度等级渐变的（中性），它们对应 50 组（不同配比的 Y、M、C 网点的组合），这种专用色谱，供印前（制版）和印刷检查灰平衡时作为比较的基准。

六、同色密度偏差 D_S

（一）同色密度偏差 D_S 的定义

$$D_S = \sqrt{\sum_{i=1}^{n} \frac{(\overline{D} - D_i)^2}{n-1}} \qquad (4\text{-}20)$$

式中　D_S——同色密度偏差；

D_i——第 i 次所测得的同色密度；

n——该色所测的总次数；

$\overline{D}$——n 个同色密度的算术平均值，$\overline{D} = \frac{1}{n}\sum_{i=1}^{n} D_i$。

（二）检测同色密度偏差 D_S 的意义

测控同一印件前后印张的墨色均匀性，测控同一印张墨色的均匀性（轴向和周向的墨色一致性），使同色同网点面积覆盖率处的密度偏差 D_S 控制在规定的范围之内。

（三）同色密度偏差 D_S 的标定

国家标准 GB/T 7705—2008《平版装潢印刷品》和 GB/T 7706—2008《凸版装潢印刷品》中，对彩色装潢印刷品中的实地印刷，既规定了印品同批同色的密度偏差，也规定了同批同色的色差值 ΔE^*_{ab}，如表 4-9 所示。

表 4-9　平版或凸版装潢印刷品实地印刷时的要求

<table>
<tr><th rowspan="2">指标名称</th><th rowspan="2">单位</th><th rowspan="2">符号</th><th colspan="4">指标值</th></tr>
<tr><th colspan="2">精细产品</th><th colspan="2">一般产品</th></tr>
<tr><td>同色密度偏差</td><td></td><td>D_S</td><td colspan="2">≤ 0.050</td><td colspan="2">≤ 0.070</td></tr>
<tr><td rowspan="2">同批同色色差</td><td rowspan="2">CIE L*a*b*</td><td rowspan="2">ΔE^*_{ab}</td><td>L*>50.00</td><td>L* ≤ 50.00</td><td>L*>50.00</td><td>L* ≤ 50.00</td></tr>
<tr><td>≤ 5.00（凸）
≤ 4.00（平）</td><td>≤ 4.00（凸）
≤ 3.00（平）</td><td>≤ 6.00</td><td>≤ 5.00</td></tr>
</table>

由表 4-9 可知，D_S 的定标宽严程度是根据印刷产品的档次而定的，显然用来检测的彩色反射密度计的精度必须符合测控 D_S 的允差范围的要求。

测量时，必须保持被测样的清洁完好，一旦沾脏污损就丧失了测控的意义。

测定同色密度偏差时，采用带有雷登 58（G）绿、雷登 47（B）蓝紫、雷登 25（R）大红滤色片的反射彩色密度计，精度小于等于 ±0.02D。在测定黑色、白色或灰色时，使用红外滤色片，在测三原色时，按表 4-10 选用滤色片；被测色为两种或两种以上原色相配而成的间色或复色时，应按表 4-10 所列滤色片分别选用。

测试时，背景应为白色，并用标准白板校正仪器，使彩色密度值等于白板上所规定的值，要求精确到 ±0.01，而且每选一次滤色片，即校正一次。当被测成品幅面大于等于 129mm×184mm（32 开）时，在同件试样同色的四角和中间各测一点。若被测样幅面大于上述 32 开时，则应在同件试样上均匀增测 5 点，然后代入公式（4-20）求取同色密度偏差 D_S 值，并以最大同色密度偏差值作为该试样的同色密度偏差 D_S 值。

表 4-10　测定三原色密度时应选用的滤色片

选用的滤色片 / 被测色	名称	代号	颜色
品红　（M）	雷登 #58	G	绿
黄　（Y）	雷登 #47	B	蓝紫
青　（C）	雷登 #25	R	大红

七、同批同色色差 ΔE

（一）色差 ΔE 的定义

色差 ΔE 定义为：色差就是指用数值的方式表示两种颜色给人色彩感觉上的差别。若两

个颜色都按照 $L^*a^*b^*$ 标定颜色，则两者的总色差及单向色差可用下列公式计算：

明度差：$\Delta L^* = L^*_1 - L^*_2$ （4-21）

假设 1 为样品色，2 为标准色：$\Delta L^* = L^*_1 - L^*_2 > 0$，表示样品色比标准色浅，明度高，反之亦然。

色度差：$\begin{aligned}\Delta a^* &= a^*_1 - a^*_2 \\ \Delta b^* &= b^*_1 - b^*_2\end{aligned}$ （4-22）

假设 1 为样品色，2 为标准色：$\Delta a^* = a^*_1 - a^*_2 > 0$，表示样品色比标准色偏红；$\Delta a^* = a^*_1 - a^*_2 < 0$，说明样品色比标准色偏绿。

$\Delta b^* = b^*_1 - b^*_2 > 0$，表示样品色比标准色偏黄；$\Delta b^* = b^*_1 - b^*_2 < 0$，说明样品色比标准色偏蓝。

彩度差：$\Delta C_{ab}{}^* = \Delta C_{ab,1}{}^* - \Delta C_{ab,2}{}^*$ （4-23）

若 $\Delta C_{ab}{}^* = \Delta C_{ab,1}{}^* - \Delta C_{ab,2}{}^* > 0$，表示样品色比标准色彩度高，含“白光”或“灰分”较少；若 $\Delta C_{ab}{}^* = \Delta C_{ab,1}{}^* - \Delta C_{ab,2}{}^* < 0$，说明样品色比标准色彩度低，含“白光”或“灰分”较多。

色相角差：$\Delta h_{ab}{}^* = \Delta h_{ab,1}{}^* - \Delta h_{ab,2}{}^*$ （4-24）

若 $\Delta h_{ab}{}^* = \Delta h_{ab,1}{}^* - \Delta h_{ab,2}{}^* > 0$，表示样品色位于标准色的逆时针方向上；若 $\Delta h_{ab}{}^* = \Delta h_{ab,1}{}^* - \Delta h_{ab,2}{}^* < 0$，表示样品色位于标准色的顺时针方向上。

色相差又叫色调差，用来表示色相的差异，即偏红或偏蓝。其计算公式如下：

$$\Delta H_{ab}{}^* = \sqrt{(\Delta E_{ab}{}^*)^2 - (\Delta L_{ab}{}^*)^2 - (\Delta C_{ab}{}^*)^2} \quad (4\text{-}25)$$

式中 $\Delta E_{ab}{}^*$、$\Delta L_{ab}{}^*$、$\Delta C_{ab}{}^*$ 均可计算而得。

（二）色差公式

纵观色差公式的发展，以 1976 年为界，大致分为两个阶段。1976 年以前，因无统一的标准和约定，没有一个权威性的色差公式可使大多数人接受并使用。为了进一步统一和规范色差评定方法，国际照明协会在广泛的讨论和试验的基础上，于 1976 年正式推荐两个空间及相应的色差公式，即 CIE LUV 和 CIE LAB 色差公式，前者主要用于彩色摄影和彩色电视等领域，后者则广泛用于纺织印染、染料、颜料等绝大多数与着色相关的行业。CIE LAB 色差公式是自 1976 年起使用的较广泛、较通用的色差公式。近 20 年来，颜色科技工作者一直在寻求更理想的色差公式，本节主要介绍以下几种色差公式：CIE LAB1976 色差公式、CMC（1：c）色差公式、CIE DE2000 色差公式。

1. CIE LAB1976 **色差公式**

$$\Delta E_{ab}{}^* = \sqrt{(L^*_1 - L^*_2)^2 + (a^*_1 - a^*_2)^2 + (b^*_1 - b^*_2)^2} \quad (4\text{-}26)$$

色差单位为 NBS，它是美国国家标准局（National Bureau of Standards）的缩写。1 个 NBS 单位约等于 0.1 孟塞尔明度值，0.15 孟塞尔彩度值，2.5 孟塞尔色相值。NBS 的色差单位与人的色彩感觉差别可用表 4-11 来表示。

表 4-11　NBS 单位与颜色差别感觉程度

感觉色差程度	NBS 单位色差值
感觉极微（微小色差）	0 ~ 0.5
感觉轻微 (小色差)	0.5 ~ 1.5
感觉明显 (较小色差)	1.5 ~ 3.0
感觉很明显 (较大色差)	3.0 ~ 6.0
感觉强烈 (较大色差)	6.0 以上

在色彩复制质量要求上，由国家标准化管理委员会发布的装潢印刷品 GB 7705—2008（平印）、GB 7706—2008（凸印）、GB 7707—2008（凹印）的国家标准中，对彩色装潢印刷品的同批同色色差为：一般产品 $\Delta E_{ab}^* \leqslant 5.00\sim6.00$，精细产品 $\Delta E_{ab}^* \leqslant 4.00\sim5.00$ 或 $\Delta E_{ab}^* \leqslant 3.00\sim4.00$，同时还将这一质量标准作为国家企业晋升的一项条件。

测控 ΔE，并使其控制在规定的范围之内，以保证同一产品前后印张，或同一印张相同处的颜色偏差不超过允差范围。

在测定实地印刷产品的同批同色色差时要采用积分球式测色色差计，并要符合 GB 3979—2008《物体色的测量办法》中规定，标准照明体为 D_{65}，测色测量视场为 10° ，采用《CIE 1964 年补充标准色度观察者》数据，测量面积一般为直径 25mm 的圆孔，如果被测部位较小，则可采用小面积观察孔，但面积不小于 25mm²。测量时，先采用标准样张为基准，测其 CIE L*a*b* 均匀色空间的 L*a*b* 值，然后测量试样与标准样同色部位的色差即可。

2. $\Delta_{ECMC\,(l:c)}$

1984 年英国染色家协会（SDC, the Society of Dyers and Colourist）的颜色测量委员会（CMC，the Society's Color Measurement Committee）推荐了 CMC(l ： c) 色差公式，该公式是由 F. J. J. Clarke、R. McDonald 和 B. Rigg 在对 JPC79 公式进行修改的基础上提出的，它克服了 JPC79 色差公式在深色及中性色区域的计算值与目测评价结果偏差较大的缺陷，并引入了明度权重因子 l 和彩度权重因子 c，以适应不同应用的需求。

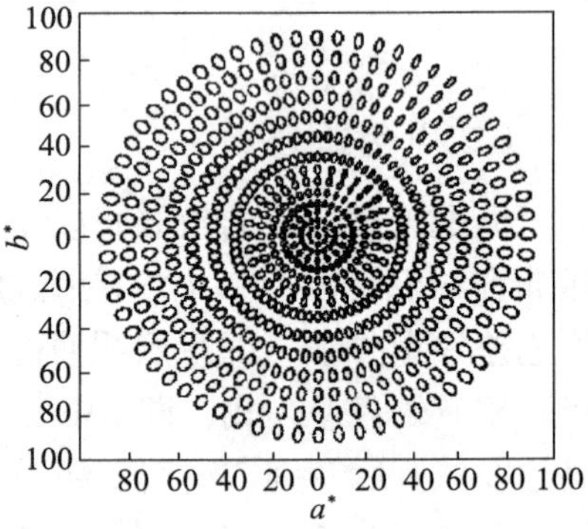

图 4-12　CMC 色差椭圆

在 CIE LAB 颜色空间中，CMC(l ： c) 公式把标准色周围的视觉宽容量定义为椭圆。椭圆内部的颜色在视觉上和标准色是一样的，而在椭圆外部的颜色和标准色就不一样了。在整个 CIE LAB 颜色空间中，椭圆的大小和离心率是不一样的。以一个给定的标准色为中心的椭圆的特征，是由相对于标准色在 ΔL^*、ΔC^*_{ab}、ΔH^*_{ab} 方向上的两半轴的长度决定的。用椭圆方程定义的色差公式 $\Delta_{ECMC(l:c)}$ 如下所示：

$$\Delta E^*_{CMC(l:c)}=\sqrt{\left(\frac{\Delta L^*}{lS_L}\right)^2+\left(\frac{\Delta C^*_{ab}}{cS_C}\right)^2+\left(\frac{\Delta H^*_{ab}}{S_H}\right)^2} \quad (4\text{-}27)$$

$$S_L=\begin{cases}0.440975L^*_S/(1+0.01765L^*_S),L^*_S\geqslant 16\\0.511,L^*_S\leqslant 16\end{cases}$$

$$S_C=0.0638C^*_{ab,s}/(1+0.0131C^*_{ab,s})+0.638$$

$$S_H=S_C(F\bullet T+1-F)$$

$$F=\sqrt{(C^*_{ab,s})^4/((C^*_{ab,s})^4+1900)}$$

$$T=\begin{cases}0.36+\left|0.4\cos(h^*_{ab,s}+35)\right|,\ h^*_{ab,s}\geqslant 345°\text{或}h^*_{ab,s}\leqslant 164°\\0.56+\left|0.2\cos(h^*_{ab,s}+168)\right|,\ 164°\leqslant h^*_{ab,s}\leqslant 345°\end{cases}$$

式（4-27）中，L^*_S、$C^*_{ab,s}$、$h^*_{ab,s}$均为标准色的色度参数，这些值以及上面的 ΔL^*、ΔC^*_{ab}、ΔH^*_{ab}都是在 CIE LAB 空间计算得到。

S_L、S_C 和 S_H 是椭圆的半轴，l、c 是因数，通过 l、c 可以改变相对半轴的长度，进而改变 ΔL^*、ΔC^*_{ab}、ΔH^*_{ab}的相对容忍度。例如，在纺织中，l 通常设为 2，允许在 ΔL^* 上有相对较大的容忍度，这也就是 CMC(2:1) 公式；在印刷油墨中，l 通常设为 1.4，允许在 ΔL^* 上有相对较小的容忍度。很明显，用标准色的 CIE LAB 坐标 L^*_S、$C^*_{ab,s}$、$h^*_{ab,s}$ 来对校正值 S_L、S_C 和 S_H 进行计算是极为重要的。这些参数用非线性方程定义，也表明，ΔL^* 的宽容量随着增大，ΔC^*ab 的宽容量随着增大，ΔH^*_{ab} 的宽容量随着增大并且与其变化同步。

由于 CMC 色差公式比 CIE LAB 公式具有更好的视觉一致性，所以对于不同颜色产品的质量控制都可以使用与颜色区域无关的“单一阈值（Single number tolerance）”，从而给颜色测量和色差的仪器评价带来了很大的方便。因此，CMC 公式推出以后得到了广泛的应用，许多国家和组织纷纷采用该公式来替代 CIE LAB 公式。1988 年，英国采纳其为国家标准 BS 6923（小色差的计算方法），1989 年被美国纺织品染化师协会（American Association of Textile Chemist and Colorist）采纳为 AATCC 检测方法 173—1989，后来修改为 AATCC 检测方法 173—1992，1995 年被并入国际标准 ISO 105《纺织品－颜色的牢度测量》，成为 J03 部分（小色差计算）。在我国，国家标准 GB/T 8424.3—2001《纺织品色牢度试验色差计算》和 GB/T 3810.16—1999《陶瓷砖实验方法第十六部分：小色差的测定》中也采纳了 CMC 色差公式。在印刷行业中，现行的国际标准和行业标准依然采用 CIE LAB 色差公式。

3. CIE 94 色差公式

1989 年，CIE 成立了技术委员会 TC1-29（工业色差评估），主要任务是考察目前在工业中使用的在日光照明下进行物体色色差评价的标准，并给出建议。1992 年 TC1-29 给出了一个实验性的包含二部分的提案。第一部分详述了经过修改 CMC(l ：c) 公式而得出的一个新的色差公式，第二部分则阐述了在新的资料下或基本建模思想改变的情况下，新公式的修正方法。

这个最终的提案在 1995 年作为 CIE 的技术报告被公布出来。该报告详细说明了为了新的色差公式在色差方面以前所做的工作。新公式的完整的名称是“CIE 1994（ΔL^*、ΔC^*_{ab}、ΔH^*_{ab}）色差模型”，缩写为“CIE 94”，或色差符号 ΔE^*_{94}。

很多因素影响了视觉评价，比如，样品的特性和观测条件。联合 CIE 的另外一个技术委员会 TC1-28（影响色差评价的因素），TC1-29 充分认识到这些因素的影响，并对它们进行了详细地考察；在 CIE 94 公式中考虑到了一些因素的影响。现在不可能考虑所有因素的影响，两个技术委员会联合规定了一些参考条件，在这些参考条件下，参数给定了默认值，CIE 94 公式的性能很好。在其他条件下参数值的确定被认为是公式改进工作的一部分。参考条件适合于工业色差的评价，这些参考条件是：照明，CIE 标准照明体 D65；照度，1000 lx；背景，均匀的中性色，$L^*=50$；观察模式，物体色；样品尺寸，视场大于 4°；样品放置，直接边缘接触；样品色差幅度，0 ~ 5 CIE LAB 色差单位；观察者，视觉正常；样品结构，在颜色上是均匀的。

新的色差公式基于 CIE LAB 颜色空间。TC1-29 认为在染色工业中该色差公式被广泛地接受，与明度、彩度、色相的差别和人的感觉的统一是极为重要的。在计算有色材料的中小色差时，这个色差公式替代了以前推荐的色差公式。但是它没有作为颜色空间替代 CIE LAB 和 CIE LUV。

CIE94 公式引入了一个新的项（ΔV），即色差的视觉量化值：

$$\Delta V = K_E^{-1}\Delta E_{94}^* \tag{4-28}$$

K_E 并不是作为商业色差测量来用，而是一个总的视觉因素，在工业评定的条件下，设为一个单位，即 $\Delta V = \Delta E^*_{94}$。

CIE 94 公式如下所示：

$$\Delta E_{94}^* = \sqrt{\left(\frac{\Delta L^*}{K_L S_L}\right)^2 + \left(\frac{\Delta C_{ab}^*}{K_C S_C}\right)^2 + \left(\frac{\Delta H_{ab}^*}{K_H S_H}\right)^2} \tag{4-29}$$

变量 K_L、K_C、K_H 和 CMC(l ：c) 公式中的 l、c、h 一样，在 CMC(l ：c) 公式中，可以认为在 ΔH^*_{ab} 项的除数中有一个因子 h，因为 $h = 1$，忽略了。然而，它们在这里称为“参数因子”（parametric factors），因而就可以避免和 CIE 94 中称为“相对容差”（relative tolerance）的 l、c 相混淆。在参考条件下，$K_L=K_C=K_H=1$，使用条件和参考条件发生偏差时，会导致在视觉上每一个分量（亮度、彩度、色相）的改变，因而可以单独地调整色差公式中的各个色差分量以适应这种改变。例如，评价纺织品时，亮度感觉的降低，当 $K_L=2$，$K_C=K_H=1$ 时纺织品的视觉评价和 CIE 94 公式的计算结果就比较接近；根据经验，印刷行业推荐使用 $K_L=1.4$，$K_C=K_H=1$。

就像在 CMC(l ：c) 公式中所做的一样，在 CIE94 中称为“权重函数”的椭圆半轴（S_L、S_C 和 S_H）的长度允许在 CIE LAB 颜色空间中根据区域的不同进行各自的调整，但是，和 CMC(l ：c) 不同，它们用线性方程进行了不同的定义：

$$S_L = 1$$

$$S_C = 1 + 0.045C_{ab,X}^*$$

$$S_H = 1 + 0.015C_{ab,X}^*$$

当一对颜色中的标准色和被比较色明显不同时，则 $C^*_{ab,X} = C^*_{ab,S}$。这种经过优化的方程的不对称性，导致了一对样本色之间的色差，即颜色样本 A 和 B，以 A 为标准和以 B 为标准计算的结果就不一样。在逻辑上如果没有样本作为标准色时，C^*ab,x 可以用两个颜色的 CIELAB 的彩度的几何平均值表示，如下所示：

$$C^*ab,x = (C^*ab,A \times C^*ab,B)\ 1/2 \tag{4-30}$$

TC1-29 的很多成员希望制定一个 CIE94 推荐标准，但是同时另外一部分人又不同意。

TC1-29 的技术报告也存在矛盾之处，它的题目中并没有包含“推荐”一词，但是它的内容明显地表明在色差计算方面用 CIE 94 色差公式代替 CIE LAB 公式。

4. CIE DE2000 色差公式

为了进一步改善工业色差评价的视觉一致性，CIE 专门成立了工业色差评价的色相和明度相关修正技术委员会 TC1-47（Hue and Lightness Dependent Correction to Industrial Color Difference Evaluation），经过该技术委员会对现有色差公式和视觉评价数据的分析与测试，在 2000 年提出了一个新的色彩评价公式，并于 2001 年得到了国际照明委员会的推荐，称为 CIE 2000 色差公式，简称 CIE DE2000，色差符合为 ΔE_{00}。CIE DE2000 是到目前为止最新的色差公式，该公式与 CIE 94 相比要复杂得多，同时也大大提高了精度。

CIE DE2000 色差公式主要对 CIE 94 公式做了如下几项修正：

① 重新标定近中性区域的 a* 轴，以改善中性色的预测性能。

② 将 CIE 94 公式中的明度权重函数修改为近似 V 形函数。

③ 在色相权重函数中考虑了色相角，以体现色相容限随颜色的色相而变化的事实。

④ 包含了与 BFD 和 Leeds 色差公式中类似的椭圆选择选项，以反映在蓝色区域的色差容限椭圆不指向中心点的现象。

CIE DE2000 色差公式如下：

$$\Delta E_{00}=\sqrt{\left(\frac{\Delta L'}{K_L S_L}\right)^2+\left(\frac{\Delta C'}{K_C S_C}\right)^2+\left(\frac{\Delta H'}{K_H S_H}\right)^2+R_r\left(\frac{\Delta C'}{K_C S_C}\right)\left(\frac{\Delta H'}{K_H S_H}\right)} \tag{4-31}$$

其计算过程如下：首先计算 L^*、a^*、b^*、$C_{ab}{}^*$，然后计算

$$L'=L^*$$

$$a'=(1+G)a^*$$

$$b'=b^*$$

$$C'=\sqrt{a'^2+b'^2}$$

$$h'=\tan^{-1}(b'/a')$$

这里，$G=0.5\left(1-\sqrt{\frac{\overline{C_{ab}{}^*}^7}{\overline{C_{ab}{}^*}^7+25^7}}\right)$，$\overline{C_{ab}{}^*}$ 是一对样品色 $C_{ab}{}^*$ 的算术平均。

$$\begin{aligned}\Delta L'&=L_b'-L_s'\\ \Delta C'&=C_b'-C_s'\\ \Delta H'&=2\sqrt{C_b'C_s'}\sin\left(\frac{\Delta h'}{2}\right)\end{aligned} \tag{4-32}$$

这里，$\Delta h'=\Delta h_b'-\Delta h_s'$，其中下标“$s$”表示颜色对中的标准色，“$b$”表示样品色。

$$S_H=1+0.015\overline{C}T$$

$$T=1-0.17\cos(\overline{h'}-30°)+0.24\cos(2\overline{h'})+0.32\cos(3\overline{h'}+6°)-0.20\cos(4\overline{h'}-63°)$$

$$S_L=1+\frac{0.015(\overline{L'}-50)^2}{\sqrt{20+(\overline{L'}-50)^2}}$$

$$S_C=1+0.045\overline{C'}$$

式中　$\overline{L'}$、$\overline{C'}$、$\overline{h'}$——一对色样 L'、C'、h' 的算术平均值。

$$Rr=-\sin(2\Delta\theta)R_C$$

$$\Delta\theta=30\exp\left[-\left(\frac{\overline{h'}-275°}{25}\right)^2\right]$$

$$R_C=2\sqrt{\frac{\overline{C'}^7}{\overline{C'}^7+25^7}}$$

最后，可计算色差值。

在计算时，如果两个颜色的色相处于不同的象限，就需要特别注意，以免出错。如，某颜色样品对中标准色和样品色的色相角分别为 90° 和 300° ，则直接计算出来的算术平均值为 195° ，但是正确的应该是 15° 。实际计算时，可以从两个色相角之间的绝对差值来检查，如果该差值小于 180° ，那么应该直接采用算术平均值，否则（差值大于 180° ），需要先从较大的色相角中减去 360°，然后再计算算术平均值。因此，在上述示例中，对于样品色先计算 300° −360° = −60°，然后计算平均值为 15° 。

以上基于对 CIE LAB 公式改良的近期色差公式在数学上均采用椭球方程或其变形，并于椭球的边界来表示颜色的宽容量范围，再引入不同的参数来调节三个色差 ΔL、ΔC、ΔH 在总色差 ΔE 中的权重，以提高色差计算结果与目视评判的一致性。同时，所有这些公式都无一例外地建立在目视比较经验评色数据的基础之上。尽管有不少科学家提议从颜色的视觉机理出发，建立符合人眼视觉特征的真正的均匀颜色空间及其色彩评价模型，然而，迄今没有这样的颜色系统被提出。

八、套准精度 *TC*

（一）套准精度 *TC* 的定义

有相互叠套印刷准确要求的各色图文轮廓印刷品的几何位置的偏差值，称为套准精度 *TC*。通常用长度单位毫米（mm）来计量，它是表征图文清晰的重要指标。

（二）检测套准精度 *TC*

用带刻度的高倍放大镜或显微镜量测各色图文主要部位或套印规线之间的偏差值。

（三）套准精度 *TC* 的标定

用带刻度的高倍率放大镜观察测控条中的有关测控单元或印样上的规线，根据有关规定做出判断。

例如，GB/T 7705—2008《平版装潢印刷品》、GB/T 7706—2008《凸版装潢印刷品》

的国家标准中规定，要求成品图案位置偏差应符合表 4-12 的要求；图文套印误差应符合表 4-13 的规定。

表 4-12　有对称要求的成品图案位置偏差规定　mm

成品规格	对称图案位置极限偏差	
	精细产品	一般产品
135×195 及以下	±0.4	±0.5
135×195（32 开）以上	±0.8	±1.0

表 4-13　套印误差规定　mm

误差类型 / 产品类型 / 套印部位	套印元件误差			
	精细产品		一般产品	
	凸版	平版	平版	凸版
主要部位	≤0.10	≤0.15	≤0.20	≤0.25
次要部位	≤0.20	≤0.25	≤0.25	≤0.30

主要部位指画面上反映主题的部分，如图案、文字、标志等。

测量成品图案位置的误差时，应测量成品试样左右（上下）任一对称部位的空白处宽度（精确到 0.01mm），并按下式计算：

$$成品图案位置误差=\frac{|d_1-d_2|}{2}$$

式中　d_1 和 d_2——试样对称空白处的宽度，mm。

测量套印误差时，应采用色温为 5500 ~ 6500K 的 D_{65} 标准光源，光源与试样台台面相距 800mm 左右，通过 20 倍带刻度放大镜，精度 0.01mm，观测试样主要部位和次要部位任两色间的套印误差，各测三点，分别取其平均值为主要部位和次要部位的套印误差。

由表 4-12 和表 4-13 可知：*TC* 不仅和产品档次有关外，还和图文的主次部位及印刷幅面的大小有关。

TC 测控的主要对象是图文的主要部位（主要轮廓），只有当套印规线确实能反映图文套准状态时，用套印规线来反映套准情况并作为 *TC* 的测控对象才有意义。

九、灰度 *G* 与色偏 *CS*

（一）灰度 *G*

灰度：

$$G=\frac{D_L}{D_H}\times 100\% \qquad (4\text{-}33)$$

检测灰度 *G* 的意义：表示实际印刷油墨与所希望的印刷油墨之间的饱和度（艳度）的差别（例如：打样油墨与实际印刷用墨的差别；墨斗中油墨和印到承印物上油墨的差异等）。

也有用彩色反差来表征的，灰度越小或者说彩色反差越大，均表示该油墨饱和度越高。

（二）色偏 *CS*

色偏：

$$CS=\frac{D_M-D_L}{D_H-D_L}\times 100\% \tag{4-34}$$

检测色偏 *CS* 的意义：反映实际印刷油墨与所希望的印刷油墨之间的色彩差别（例如：打样油墨与实际印刷油墨的差距；墨斗中油墨同印到承印物上油墨的色偏情况等）。

（三）灰度 *G* 与色偏 *CS* 的标定

G 和 *CS* 的标定都要视产品的档次而定，灰度小，色偏少的油墨才适合高档印刷品的印刷。

实际印刷时，由于换色的清洗不认真或油墨乳化过多，都会使印迹墨层的灰度 *G* 和色偏 *CS* 与墨斗中油墨的 *G* 及 *CS* 产生偏差，从而影响印刷质量。因此它们的测控是十分重要的。尤其是换色印刷中的深色印后换浅色或者润湿液是深色液体时。

客观评价排除了人为的干扰，使评价结果更有科学性、一致性，但客观评价对实施条件要求较高，完全采用客观评价方法对印刷品质量进行评价，还存在着一些具体的问题和困难。

因此印刷品质量的评价是综合评价，综合评价是以客观评价的数值为基础，与主观评价的各种因素相对照，得到共同的评价标准。目前，想要把这些测试数值加以综合确认，使之变成控制印刷质量的标准，有待于进一步研究。

印刷品的评价，因为受到很多主观、客观因素的影响，要想真正地判断质量的优劣并不是件容易的事情。目前，常用的方法是将影响印刷质量的因素，如反射密度、不均匀性、清晰度等，作为一种指数考虑，并通过测试仪器以及标准材料，求得具体的数值，即所谓的印刷适性指数法。

情境五 印刷品质量客观检测实践操作

教学目标

爱色丽 exact ™ 可完成印刷品的密度、色调值、叠印、色差等检测内容。本情境主要介绍爱色丽 exact ™仪器的使用方法、检测原理和参数设置，协助学习者完成印刷品客观检测的实践环节，并了解每一检测项目的仪器软件设置方法。

能力目标

1. 完成仪器校准、检测工具的设置；
2. 完成密度、网点、叠印、印刷特性等项目的检测。

知识目标

1. 了解爱色丽 exact ™ 的工作原理、使用方法；
2. 掌握爱色丽 exact ™ 项目检测原理；
3. 了解爱色丽 exact ™仪器的参数设置。

本章主要介绍使用爱色丽 exact ™ 检测印刷品的密度、色调值、叠印、色差等，详细叙述其检测步骤与注意事项，为印品客观检测提供实践指导。

一、爱色丽 exact™ 简介

爱色丽 exact ™ 可满足印刷和油墨实验室色彩检测的特殊需求。其主要功能有：可彩色显示并带有触摸操作装置，可使用集成校准板自动校准和无线通信的蓝牙技术（可选）。根据 ISO 标准（M0、M1、M2、M3）（全部 M1 提供真正的 D_{50} 检测），支持所有检测模式。

“最佳匹配”功能可轻松快捷地确定是否能达到满意的印刷颜色匹配，集成工具确定印刷是否既符合内部标准 \ 流程，又符合其他各种标准（ISO、JPMA、G7、PSO），完整的解决方案包括管理仪器和传输检测数据的软件。其外观如图 5-1 所示。

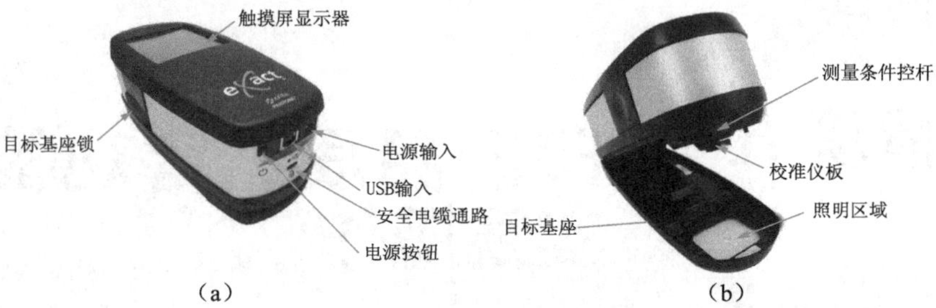

图 5-1　爱色丽 exact ™外观图

1. **检测条件**

爱色丽 exact ™ 可通过开关选择检测条件。可设置多模式检测（一个检测中的多个光谱）M0、M2 和 M3 检测条件，可将开关滑动至背面位置（0）直至停止。要设置 M1 检测条件，可滑动开关至正面位置（1）直至停止。以下对这四种检测条件详细说明：

M0：使用 A 光源检测出的反射率，以前被称为：无滤镜，包含紫外线。

M1：使用 D_{50} 光源检测出的反射率，以前被称为：日光或 D_{65}- 滤镜。

M2：使用不含紫外线组件的 A 光源检测出的反射率，以前被称为：去 UV 滤镜，排除紫外线。

M3：使用不含紫外线组件的横向偏振 A 光源检测出的反射率，以前被称为：偏振光滤镜。

2. **启动仪器**

电源按钮用于从关闭状态启动仪器。只需按下按钮即可启动仪器。如果按下电源按钮后仪器仍未启动，可能是电池需要充电。

启动时，仪器要完成测试并显示闪屏后才会出现主菜单屏幕。注意：主菜单工具可能根据型号的不同而有所差异。如图 5-2 所示。

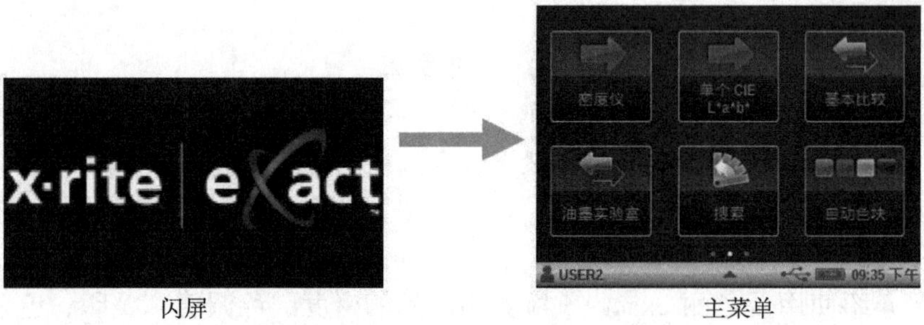

图 5-2　仪器启动闪屏和主菜单

3. **安装软件**

exact 光盘包含两个软件应用程序，即爱色丽 exact ™ 管理器和 DataCatcher。exact ™ 管理器能够在仪器中设置和运行几个仪器配置选项，如：查看和编辑所有的配置设置；备份 / 恢复配置设置；查看仪器条件和运行诊断；更新仪器固件、色库、流程工具及其他。

安装步骤如下：

①将软件光盘插入光驱并浏览所需应用程序。双击 .exe 文件。

②遵照屏幕上的提示安装软件。

③安装其余应用程序。

二、印刷品质量检测方法

（一）样品准备与仪器校准

1. 样品标准

本仪器只适合对清洁且相当平坦的表面进行检测。仪器目标基座应能够平稳地摆放在样品区域。如果被测物小于目标基座，可能需要制造一个与被测面等高的检测平台，以放置多出的仪器目标基座部分。基本检测步骤：

①清除样品表面上的灰尘、污垢或水分。

②选择工具和功能。

③将目标窗口置于要检测的样品上方。如可能，请将整个仪器置于样品上，如图 5-3(a)所示。

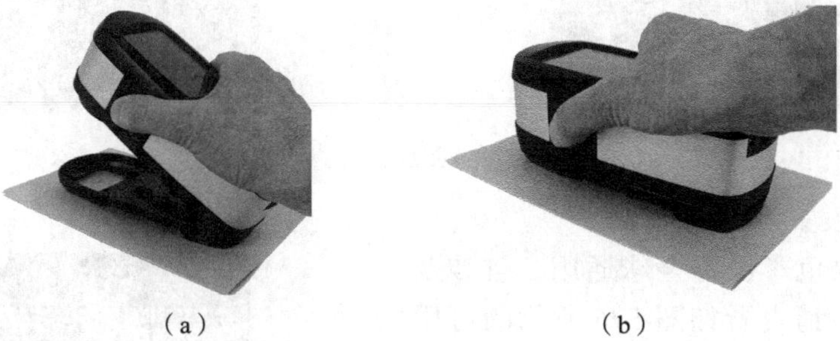

（a）　　　　（b）

图 5-3　测试样品

④将仪器用力按向目标基座。检测与选定的检测条件一起出现在显示屏上，如图 5-3（b）所示。

⑤保持不动直到显示“完成”，这表示检测成功。

⑥松开仪器并查看检测结果。

2. 仪器校准

本仪器含有集成的校准仪板，必要时会自动校准。检测前需要校准时，仪器将进行提示。如果仪器处于打开位置（未锁定）且之前的校准已超时，将出现这种情况。如果检测条件开关已改变，且未在该位置进行校准或校准已超时，也会出现这种情况。

当仪器处于打开位置（未锁定）时，校准仪板将直接位于光学元件下方。检测时，校准仪板移到后面，从而不会挡住光学元件。

当需要校准且仪器处于打开位置（未锁定）时，仪器将显示提示信息。将仪器放置于平整表面上，轻触“开始”按钮。仪器将显示倒计时屏幕，然后进行校准。如图 5-4 所示。

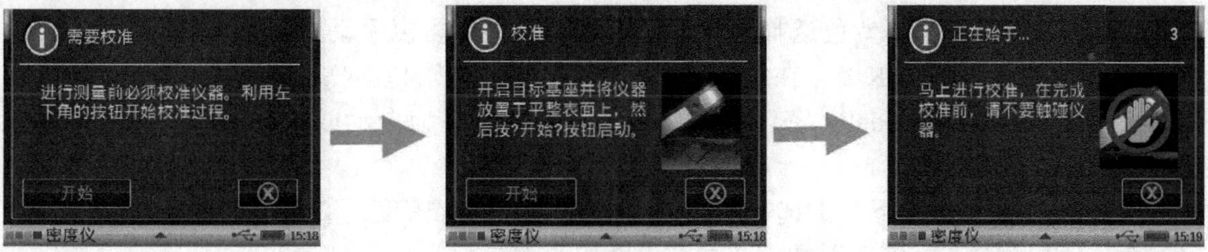

图 5-4　仪器校准

3. 检测工具设置

每个检测工具都有一个设置屏幕，以选择各种功能和设置。检测之前需要查看和编辑每个工具。这些工具包括：基本、比较、搜索、自动色块和工作。打开特定工具的活动功能列表时，仅显示适用于选定工具的活动功能。进入工具设置，轻触并按住主菜单屏幕上的所需工具图标即可。下面示例显示的是密度仪工具。但是所有的检测工具设置屏幕都可以以同样的方式进入并编辑，如图 5-5 所示。

图 5-5　密度仪工具设置

（1）色彩设置

选定工具的色彩设置全球通用，且涉及许多不同的功能。请查看如图 5-6 所示的可用色彩设置选项列表部分。

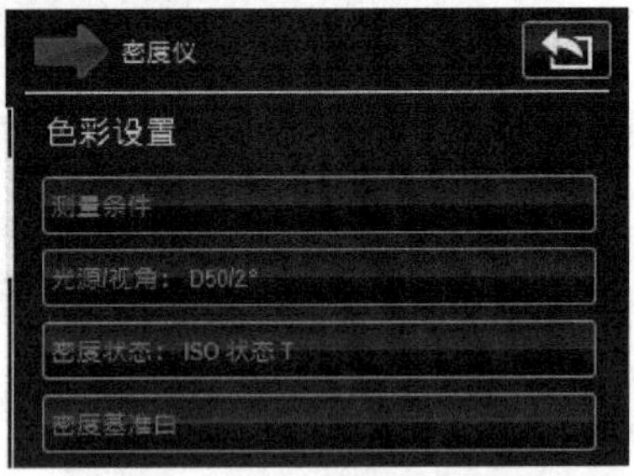

图 5-6　色彩设置界面

（2）灰平衡色块设置（仅用于自动色块工具）

为灰平衡色块检测设置最多三个色调色块的百分比。通常，三个色调色块的值是 25%、50% 和 75%，两个色调色块的值是 40% 和 80%，但也可以输入自定义值。这些值可用于在自动色块工具中检测色块。

（二）检测项目与检测步骤

1. 密度检测项目

密度检测对于青色、黄色、品红色或黑色等印刷色时，需要配置所需的密度状态（A、E、I、T、G）。对于四色油墨而言，已在 C、M、Y、K 值中指定其密度值，而对于专色油墨而言，密度值将为确定波长的光谱密度值。可选择性地设置此功能，以减去白色基材。对于基本、搜索和比较工具，可以设定显示哪种色彩响应。自动色彩选择主导印刷色彩响应（C、M、Y 或 K），专色选择主导光谱密度波长。也可以手动选择色彩响应（C、M、Y、K 或所有四个 CMYK）。在工作工具里，显示的色彩响应取决于检测的特定色块。如果存在标准，则会显示 delta 密度值。如果色彩过滤设置为自动或专色，则显示标准的色彩响应。

密度检测的步骤如下：①选择密度、密度趋势或所有密度；②按需要检测纸张；③选择颜色；④检测样品；⑤查看数据。显示界面如图 5-7 所示。

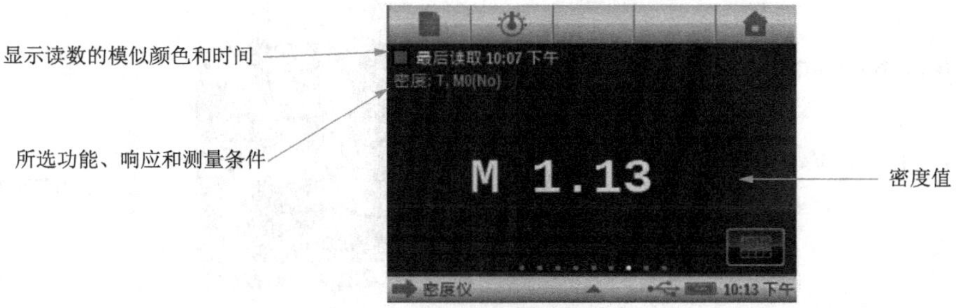

图 5-7　密度检测显示

在此环节，密度趋势的显示功能针对某一特定密度色彩响应获取的最近 10 个密度值柱状图。在特定工具中提供了 Delta 按钮，可以在每次读数时切换查看 absolute/delta 密度值。对特定密度色彩响应的总体平均值显示在趋势图中所获取全部读数的顶部（即使已获取 10 个以上的读数）。

可分别跟踪每个不同的密度响应，因此，如果检测 2 个青色样品，然后检测品红色样品，然后再检测青色样品，图表将显示青色响应的 3 个读数。直到退出当前使用的基本工具后，才会清除趋势图的读数。由于没有比较标准，因此基本工具没有 delta 模式。

密度趋势图将跟踪读数的变化，直到一个新的标准发生变化后则会清除趋势图。假定所有的读数都根据相同的色块（同一标准）而得出，无论选择何种密度色彩响应，所有读数都将显示在图上。如基本工具，只有当读数是屏幕上的当前功能时，才会将其添加到趋势图。

即使每个色块的读数并非属于当前屏幕上的活动功能，也将对所有读数进行跟踪和保存。例如，如果密度趋势是稳定色块的活动功能之一，任何根据稳定色块所做的检测都将被添加到趋势图中。如果完全退出工作工具，趋势图将丢失所有不以样品形式保存在当前工作表的读数（继续使用工作工具时，将把储存到当前工作表的所有样品恢复到各自的趋势图中）。

2. CMY 平衡检测项目

此功能可用于轻松比较灰平衡色块与已定义标准，以读取图形显示。此功能需要带有目标 CMY 密度值的标准，外加容差功能设置。

如图 5-8 所示，结果的左侧是样品的绝对 CMY 密度值。如果数字旁边显示了一个箭头，则表明箭头所指方向需纠正密度值，以使油墨的密度值与标准的目标密度值匹配。结果区域的右半边是一个条形图，显示出每种油墨与目标值相比的 delta 差值。该图的中心线表示目标值，而两个方向上的条形表示样品的密度值高于或低于目标值。图表的外线表示在功能设置中设置的灰色平衡容差的正值和负值。该功能的目标是让样品的全部三项 CMY 密度符合目标周围的容差，这表示目标均衡（灰），颜色是正确的（L 值）。如果全部三个值都在平衡范围内，样品可仍然认为是灰色，但是相对于目标而言，总体样品可能看起来太深或太浅。如果油墨值不在平衡范围之内，并且任意两种油墨之间的最大差别超过容差，那么样品将失去平衡，一个图标将显示在密度值的上方，指出样品的灰度不够。检测步骤如下：①选择 CMY 平衡功能；②按要求检测纸张；③检测灰平衡标准；④检测样品；⑤查看数据。

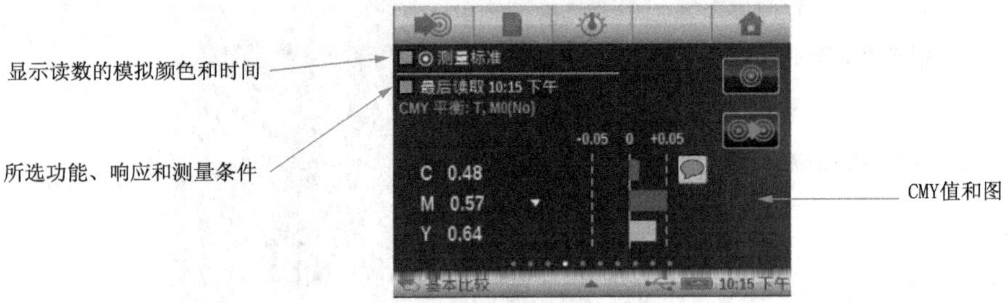

图 5-8　CMY 灰平衡检测值显示

3. 色调值（网点面积）检测项目

此项检测通过将色调色块的密度值与已知的 0%（纸张 / 基材）和 100%（实地色块）密度值进行比较，得出确定色调或网目调色块绝对油墨覆盖率（%）的方式。结果可用默里-戴维斯或优尔-尼尔松方法计算。可分别调整每种三色油墨和专色的优尔-尼尔森 n 系数。

对于优尔-尼尔森公式，可以根据不同情况调整。选择优尔-尼尔森公式后，将在设置系数处显示黑色、青色、品红色、黄色和专色选项。轻触色调值按钮进行选择。

注意：只能在特殊情况下（即确定物理区域覆盖范围时）使用优尔-尼尔森公式。

色调值（网点面积）检测步骤：

①选择色调值功能。

②根据需要选择色彩选项。

③检测纸张。检测纸张后，新基材出现前无须再次检测。

④检测实地色块。

⑤检测与所检测实地相应的色调色块。

⑥查看色调色块的色调值数据。

⑦继续进行与所检测实地相应的其他色调色块，或触摸屏幕左侧的实地色块，并检测另一个实地色块。如图 5-9 所示。

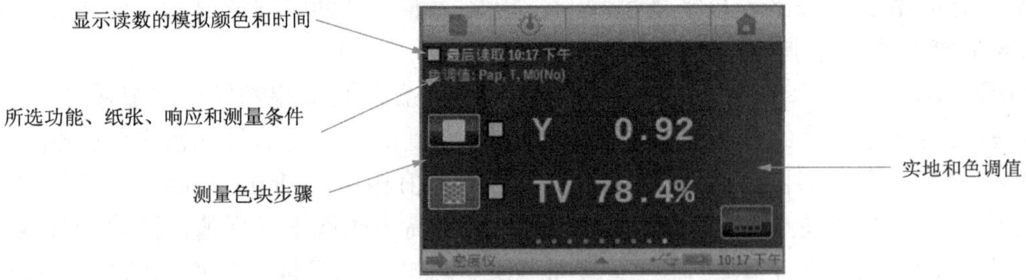

图 5-9　色块的色调值检测

4. 色调值增加（网点增大）检测项目

色调值增加（网点增大）是色调色块的实际色调值百分比和理论网点百分比之间的差异。理论色调百分比通过 TVI 功能进行配置（1~3 个色块）。工作工具在使用工具模板时将忽略这些设置，工具模板也包含其自身的色调百分比定义。

轻触色调值增加按钮，色调检测设置最多为三个色调色块的百分比。通常，三个色调色块的值是 25%、50% 和 75%，两个色调色块的值是 40% 和 80%，但也可以输入自定义值。

显示选定颜色的色调值增加。TVI 设置界定了可使用多少色调色块。最多可指定 3 个色调色块，最少为一个。如果指定了三个色块，将显示一个滚动条，可滑动屏幕查看其他数据。检测步骤如下：

①选择色调值增加（网点增大）功能。

②根据需要选择色彩选项。

③检测纸张。一旦进行了纸张检测，如果没有新的基材（或每次进入工具时）则无须再检测。

④检测实地色块。

⑤检测与所检测实地相应的色调色块。可以遵照屏幕上的检测步骤或手动触摸屏幕左侧的色调色块进行检测。

⑥继续进行与所检测实地相应的其他色块。

⑦查看色调色块的色调值增加（网点增大）数据。如图 5-10 所示。

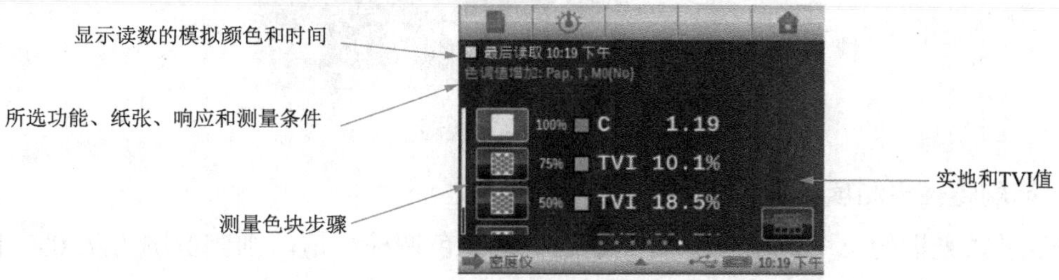

图 5-10　色调色块色调值增加（网点增大）数据

5. 叠印检测项目

叠印功能决定一种实地油墨印刷到另一种实地油墨上面的效果（叠印）。覆盖范围越好，色域越好。将色彩响应设置为自动模式后，将使用三色油墨进行叠印；使用专色时则使用专色设置代替。叠印使用这三个公式之一计算：

Preucil（GATF）叠印公式（出厂默认）

$$T_P=\frac{D_{OP}-D_1}{D_2}\times 100$$

Brunner 叠印公式

$$T_B=\frac{1-10^{-D_{OP}}}{1-10^{-(D_1+D_2)}}\times 100$$

Ritz 公式

$$T_R=\frac{1-10^{-(D_{OP}-D_1)}}{1-10^{-D_2}}\times 100$$

式中　D_{OP}——套印密度减去纸张密度；

D_2——第二印油墨密度减去纸张密度；

D_1——先印油墨密度减去纸张密度。

轻触叠印按钮，设置叠印公式。选项有：Preucil、Brunner 和 Ritz。

显示实地油墨密度和叠印值。程序规定了先印油墨、第二印油墨和叠印检测。检测色块后，可以触摸屏幕左边的色块并按要求重新检测色块。叠印检测步骤如下：

①选择叠印功能。

②检测纸张。检测纸张后，新基材出现前无须再次检测。

③检测先印油墨色块。

④检测第二印油墨色块。

⑤检测叠印色块。

⑥查看数据。

⑦继续进行其他叠印检测。如图 5-11 所示。

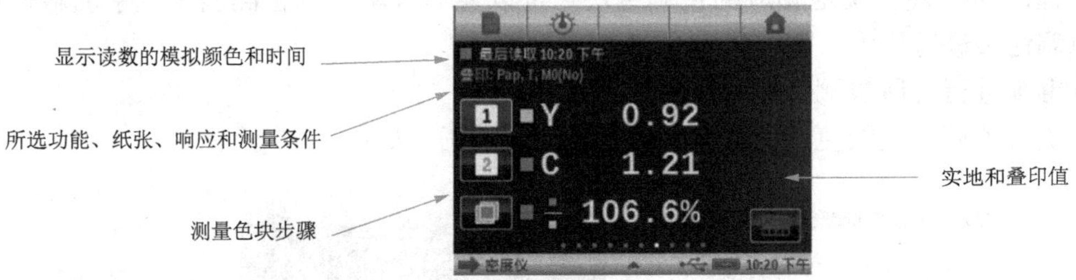

图 5-11　叠印检测

6. 印刷特性检测项目

为步进式光楔的每个色块在图表上绘制一系列色调检测值。图表范围为从 0%~100%。步骤如下：

①选择印刷特性功能。

②根据需要选择色彩选项。

③检测纸张。检测纸张后，新基材出现前无须再次检测。

④检测 100% 实地色块。

⑤检测顺序中最低阶的色块（即 10%）。

⑥继续以递增顺序检测其他阶的色块直至完成。

⑦轻触箭头图标查看数据，浏览所有步骤。如图 5-12 所示。

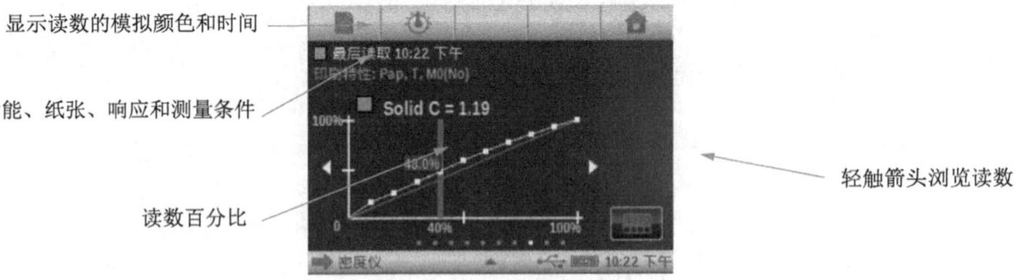

图 5-12　印刷特性检测

7. 对比度检测项目

显示暗调区域中实地油墨密度和加网油墨密度的检测值。检测步骤如下：

①选择印刷反差功能。

②选择颜色选项。

③按需求检测纸张。

④检测实地色块。

⑤检测与所检测实地相应的色调色块。

⑥查看数据。

⑦继续检测与所检测实地相应的其他色调色块，或触摸屏幕左侧的实地色块并检测另一个实地色块。如图 5-13 所示。

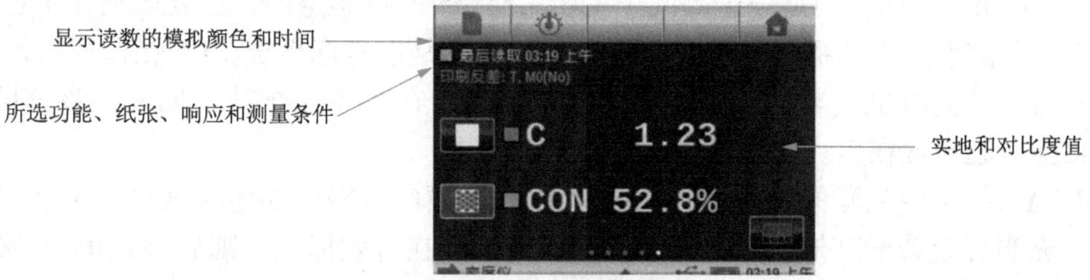

图 5-13　对比度检测

8. **色调误差和灰度检测项目**

色调误差和灰度用来检查整个印刷作业中的色彩一致性。可使用以下公式计算色相差和灰度。

$$H=\frac{D_M-D_L}{D_H-D_L}\times 100\ ;\ G=\frac{D_L}{D_H}\times 100$$

式中　D_H——C、M 或 Y 的最大密度；

D_M——C、M 或 Y 的第二大密度；

D_L——C、M 或 Y 的最小密度。

显示减去或不减去纸张的色调误差和灰度。色调误差 / 灰度检测通过所有三个滤镜（青、品红、黄）检测所选油墨。色调误差和灰度值与颜色偏差方向一起显示。K（黑）、C（青色）、M（品红色）和 Y（黄色）。例如，C → Y 指示色彩为青色偏向黄色。步骤如下：

①选择色相差和灰度功能。

②按需求检测纸张。

③检测实地色块。

④查看数据。如图 5-14 所示。

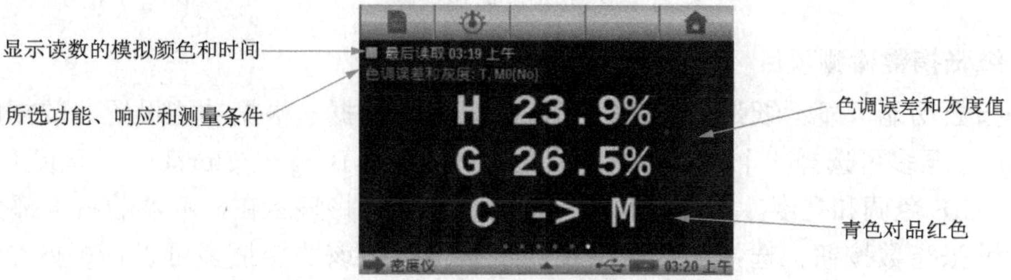

图 5-14　色调误差和灰度值的检测

9. **比色检测项目**

进行比色检测前，先介绍以下几项比色功能：

CIE L*a*b*：此功能来源于 CIE 1931 XYZ 色彩空间，其目的是为了达到感知上的一致性。当使用 a*（红 / 绿）和 b*（黄 / 蓝）颜色时， L* 与亮度有关。感觉一致意味着色彩值相同但可能数量有改变，也会引起视觉的改变。当存在有效标准时，delta 值将连同配置的 delta E 类型一起包含在内。

CIE L*C*h° ：此功能是一个等同于 CIE L*a*b* 的色彩空间，主要区别在于在 L*a*b* 中，色彩值在笛卡儿坐标系统中绘制，而 L*C*h° 则是极坐标系统。L* 保持相同，但是 C* 指色度或力度，同时也是半径，h° 为色相角度。当存在有效标准时，delta 值将连同配置的 delta E 类型一起包含在内。

CIE XYZ：这些色彩的三刺激值是在匹配测试颜色所需的加色模式中三原色的数量。CIE XYZ 充当界定若干其他色彩空间的基础。如果存在有效标准，则显示 delta XYZ 值。

CIE Yxy：此函数从 XYZ 值直接衍生而出。Y 仍代表颜色的亮度。x 和 y 是从 XYZ 值中计算而出的，用以定义代表 X 和 Z 标准化值的色彩色度。用 x 和 y 值绘制图表，表明实地及叠印色块所能达到的色域。x、y 值也可用于其他功能，用以估计墨层厚度 / 油墨浓度变化时的油墨颜色外观。如果存在有效标准，则 Delta Yxy 值也会显示出来。

比色检测步骤如下：

①选择 L*a*b*、L*C*h° 、XYZ 或 Yxy 色度功能。

②检测样品。

③查看数据。如图 5-15 所示。

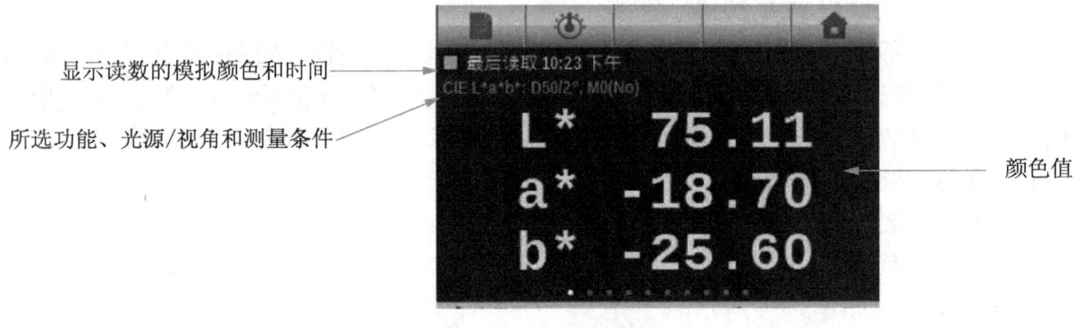

图 5-15　比色检测

10. **纸张指数检测项目**

纸张指数功能可显示纸张黄度、白度和 CIE 色调数据。根据功能设置，数据的 1~4 行可显示出来。至多可选择 4 个显示功能。白度（E313-98、Berger、Stensby）、黄度（E313-98、D1925）、CIE 色调和亮度。当存在有效标准时，差别值将显示在显示器的右半部分。

轻触纸张指数按钮，选择测试后出现的纸张参数。该功能最多可以选择四个参数。请参阅下面的可用选项。

黄度 E313 和黄度 1925：用于评估白色和近白色样品。这些样品的检测数值和黄度的目测等级相对应。

白度 E313、白度 Berger 和白度 Stensby：用于评估白色和近白色样品。这些样品的检测数值和白度的目测等级相对应。

CIE 色调：白度和色调与白纸 a* 和 b* 起相似作用。色调的负反射率值对应偏红色调。色调的正反射率值对应偏绿色调。

亮度用于确定白色、近乎白色和自然颜色的纸浆、纸以及卡纸对蓝色的反射率。

纸张指数检测显示检测表面的指数值。一次最多可显示四个指数值。检测步骤如下：

①选择纸张指数功能。

②检测纸张样品。

③查看数据。如图 5-16 所示。

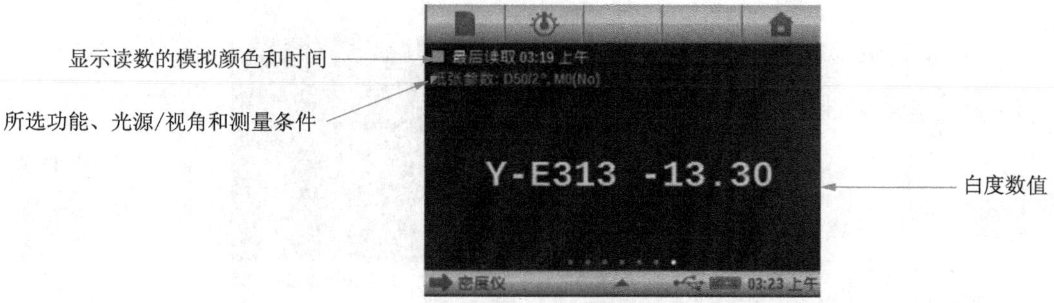

图 5-16　纸张指数检测

11. 遮盖度检测项目

当在白色或黑色基材上印刷时，它能看出给定样品亮度的变化（CIE XYZ 中的 Y）有何不同。当油墨在两种基材上检测之后，将提供遮盖度百分比结果（0 = 完全透明，100% = 完全不透明）。此功能不可在工作工具中使用。

“遮盖度”功能显示出遮盖度卡片上的遮盖度百分比梯度。检测步骤如下：

①检测样品在遮盖度卡片上的黑色部分。

②检测样品在遮盖度卡片上的白色部分。

③查看数据。如图 5-17 所示。

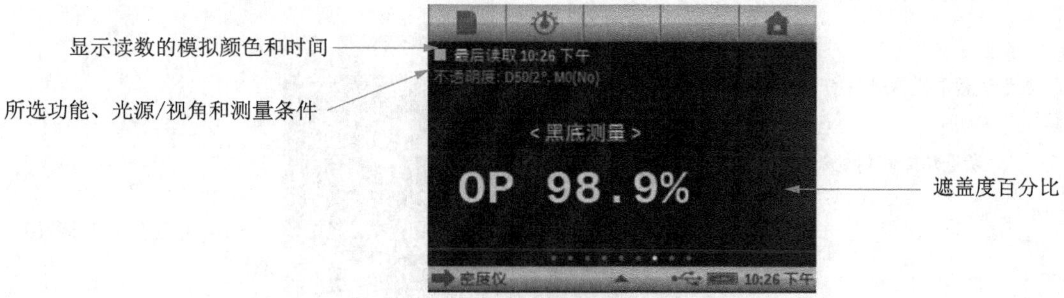

图 5-17　遮盖度检测

12. **印版检测项目**

印版功能设置轻触印刷版按钮，设置印刷版类型（负或正）和优尔－尼尔森系数，该系数用于计算印版实地色块和网点覆盖范围。出厂默认值设定为 1.00。数值范围为 0.50~9.90。印版检测显示实地色块值和网点面积值。检测步骤如下：

①选择印版功能。

②检测印版基材。

③检测实地色块。

④检测与所检测实地相应的色调色块。

⑤查看数据。如图 5-18 所示。

⑥继续检测与所测实地相应的其他色调色块。

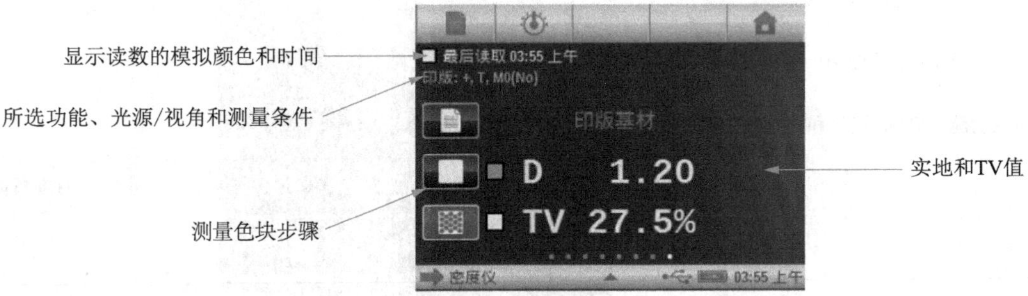

图 5-18 印版检测

13. **印品反射曲线图检测项目**

反射曲线功能为已检测数据显示了视觉反射曲线。样品和标准以不同色彩显示：白色为样品，蓝色为标准。

轻触反射曲线图按钮，设置用于反射检测的 Y 轴范围。选项有：0%~100% 和 0.00 ~1.00。

反射曲线图功能显示检测数据的反射曲线图。反射率数据从 400~700 nm，以 10 nm 增距。检测步骤如下：

①选择反射曲线图功能。

②检测样品。

③查看数据。如图 5-19 所示。

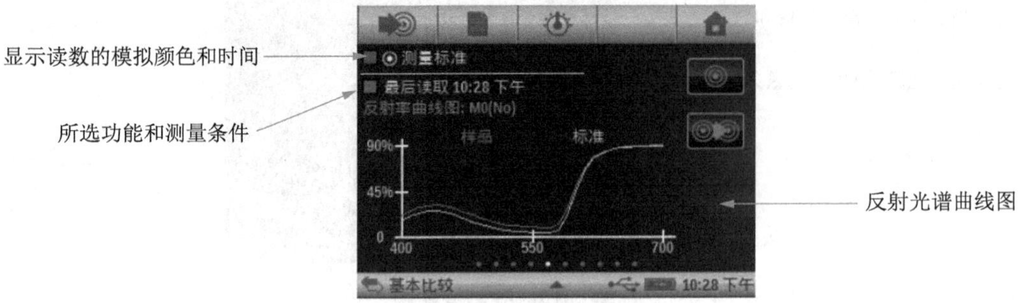

图 5-19 反射曲线检测

14. 最佳匹配检测项目

最佳匹配功能提供调整油墨厚度（胶版印刷）或油墨浓度（柔性版印刷和凹版印刷）是否能获得与标准色最接近的匹配（在 Delta E 范围）。

图 5-20 以两种深浅不同的绿色为例，借助 CIE LAB 色彩空间展示了最佳匹配的功能。色彩轴：色度轴通过油墨厚度调整色彩；最佳匹配点：可调整油墨厚度或浓度达到最可能的色彩（如绿色）。

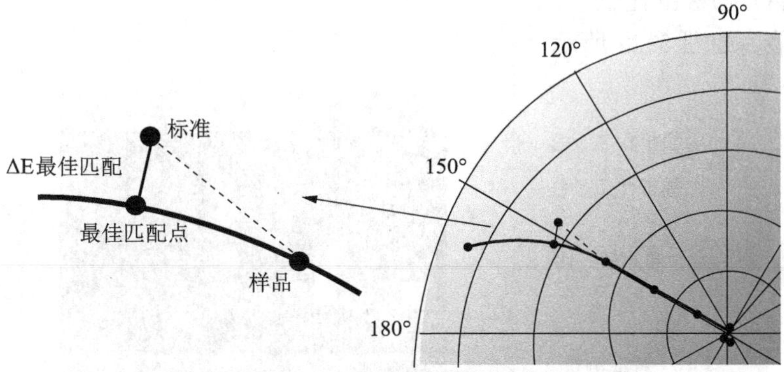

图 5-20　CIE LAB 色彩空间展示了最佳匹配

轻触最佳匹配按钮，设置用于最佳匹配检测的基材类型。选项有：光面铜版纸和亚光纸。最佳匹配分别显示样品相对于标准修正前后的色差。检测步骤如下：

①选择最佳匹配功能。

②检测纸张。

③轻触检测标准图标或轻触标准图标，进入色库检测或选择标准的屏幕。

④检测标准使用上一次读数或从 Pantone 色库选择。

⑤轻触“返回”图标返回检测屏幕。

⑥检测比较样品。

⑦查看检测结果。如图 5-21 所示。

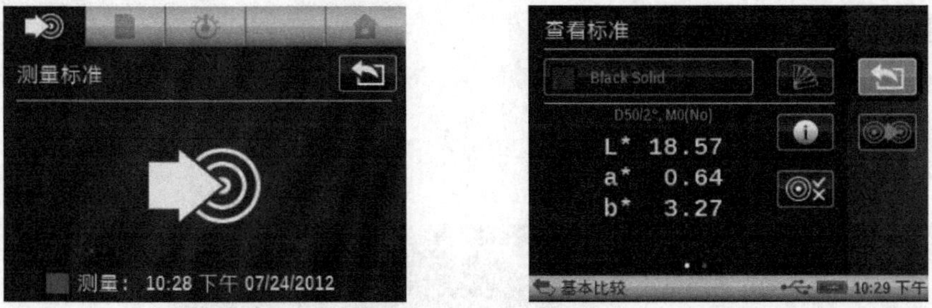

（a）　　　　　　　　　　（b）

图 5-21　最佳匹配检测

15. ΔE 趋势检测项目

ΔE 趋势功能可绘制当前和过去样品的 Delta E（使用所选用的 delta E 方式设置）值，这些样品针对当前标准进行检测。图表将显示最新读数中的最多 10 个读数。总体平均值显示在趋势图中所获取全部读数的顶部（即使已获取 10 个以上的读数）。检测步骤如下：

①选择 ΔE 趋势功能。

②检测纸张。

③轻触检测标准图标或轻触标准图标，进入色库检测或选择标准的屏幕。

④检测标准使用上一次读数或从 Pantone 色库选择。

⑤轻触“返回”图标返回检测屏幕。

⑥检测样品并与标准比较。

⑦查看结果。如图 5-22 所示。

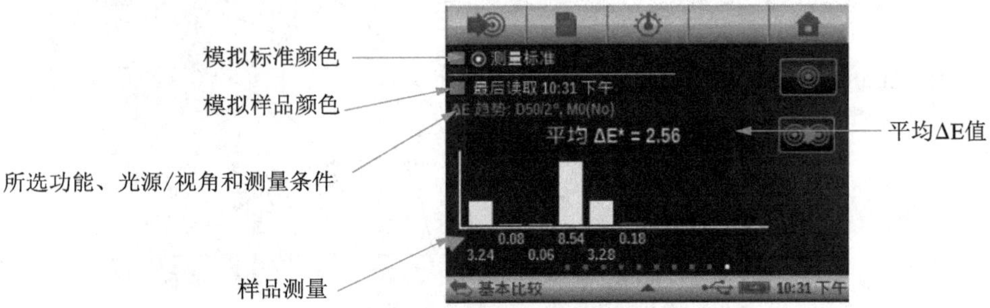

图 5-22　ΔE 趋势检测

16. 同色异谱检测项目

有一种现象是两种颜色在一种光源下匹配，而在另一不同的光源下不匹配。这样的两种颜色称为同色异谱对。最多可以将三个光源 / 视角与当前的光源 / 视角参数进行比较，结果以 MI1、MI2 和 MI3 显示出来。

轻触同色异谱按钮，为同色异谱功能检测设置光源 / 视角组合。通过确定同色异谱指数，可以界定光源变化时两种颜色相互修改。最多可以设置三个检测光源。

轻触视角图标在 2° 和 10° 之间修改，上下滑动光源轮选择所需光源。如果三个都不使用，则可将光源设置为“关闭”。

同色异谱检测最多显示三个光源 / 视角组合的指数值。检测步骤如下：

①选择同色异谱功能。

②检测或选择标准。

③检测样品。

④查看检测结果。如图 5-23 所示。

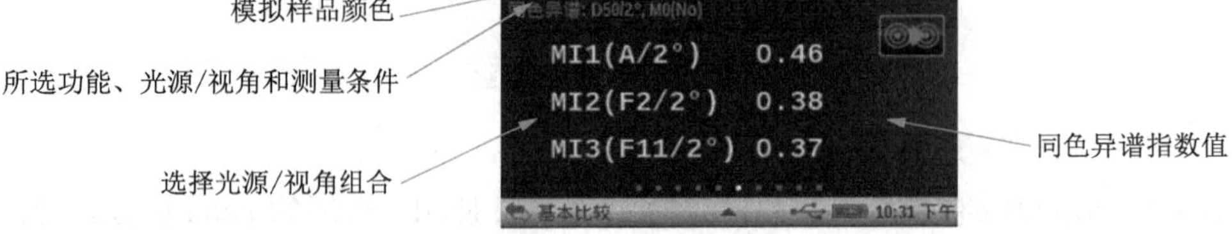

图 5-23　同色异谱检测

17. **绝对色彩力度检测项目**

绝对色彩力度“K/S”是对色彩浓度的检测。轻触色彩力度按钮，设置计算方法和色种。要确定色彩力度必须首先选择一个可用的计算方式。

最大 K/S：是指用光谱曲线上的最大反射点计算 K/S。

平均 xyz：是指通过取可视光谱中 xyz 值的平均值来计算色彩力度。然后，选择用于确定色彩力度的油墨类型。可以选择透明油墨、不透明油墨或纺织品染料。

绝对色彩力度功能用以计算检测样品的色彩力度，使用功能设置中所选的方法来计算力度。其检测步骤如下：

①选择绝对色彩力度。

②按需求检测纸张。

③检测样品。

④查看数据。如图 5-24 所示。

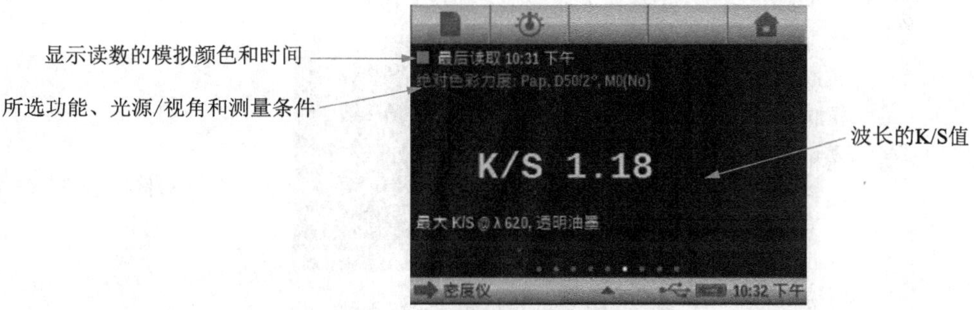

图 5-24　**绝对色彩力度检测**

18. **相对色彩力度检测项目**

相对色彩力度“DS”是一种将色彩浓度与标准浓度对比的检测。DS 是样品绝对色彩力度 K/S 与标准色彩力度 K/S 之间的比率。根据不同的情况，可为绝对色彩力度 K/S 选择不同的公式。对于透明的油墨，样品色彩必须与标准色彩具有相等的墨层厚度。在这种条件下才可以考虑油墨的浓度。浓度显示为尽量精确地与标准对应，色彩所应浓缩的程度。残余色彩差异（rsΔE）用于检测样品实际上是否与标准相同。补偿样品至标准浓度，并计算出它的 CIE delta E76 值。此功能需要一个有效的标准，因此无法在基本工具中使用。相对色彩力度检测步骤如下：

①选择相对色彩力度。

②按需求检测纸张。

③选择或检测一个标准。

④检测样品。

⑤查看数据。如图 5-25 所示。

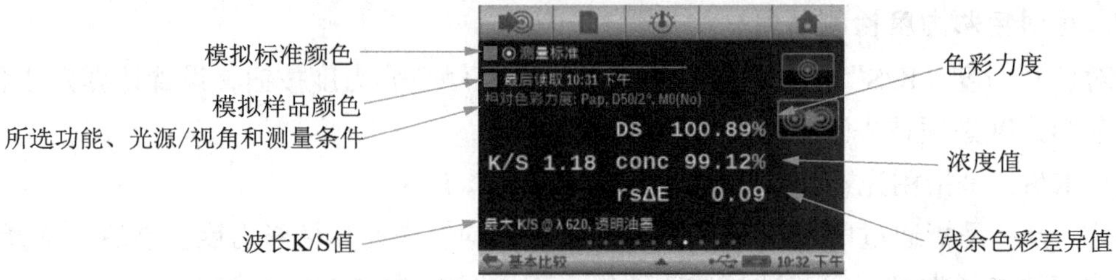

图 5-25　相对色彩力度检测

19. 纸张 QC 检测项目

屏幕左侧显示 CMYK 密度值，右侧则根据用户配置显示 ΔLab 和 ΔE 值或 ΔLCH 和 ΔE。轻触纸张 QC 按钮并设置结果显示模式，选项有：CIE L*a*b*（适用于 G7）和 CIE L*C*h°（适用于 PSO）。检测步骤如下：

①检测基材。

②查看结果。如图 5-26 所示。

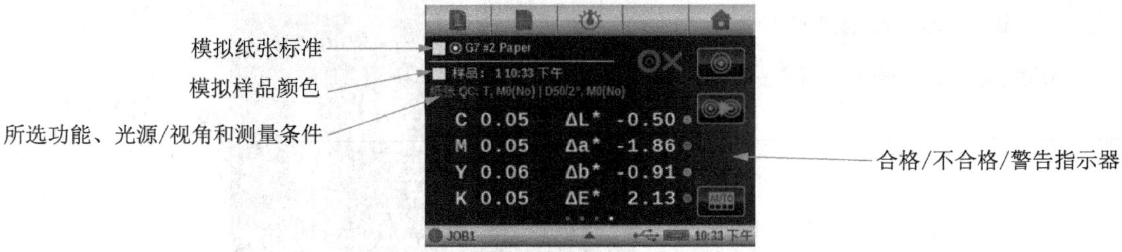

图 5-26　纸张 QC 检测

20. 最佳匹配表格检测项目

最佳匹配表格可一目了然地呈现所有工作色彩的最佳匹配结果。表格中的每一行代表着用于那项工作中的不同的实地油墨（如果专色很多，一个屏幕不能完全显示，表格会向下滚动），而每一行的第一个数值代表着那种油墨的色块，紧接着是两个 delta E 值（第 1 个是当前样品，第 2 个是经调整的 delta E 值）。每一行的最后一项显示的是建议的密度（厚度）调整值。

轻触最佳匹配按钮，设置用于最佳匹配检测的基材类型。选项有：光面铜版纸和亚光纸。

最佳匹配表格检测步骤：

①检测实地色块。

②查看结果。如图 5-27 所示。

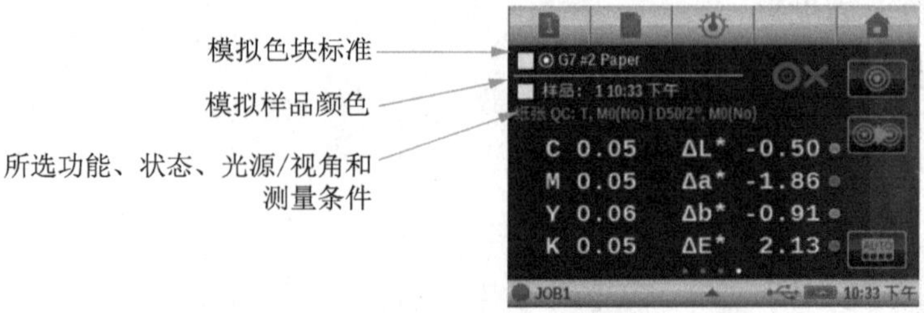

图 5-27　最佳匹配表格检测

21. **油墨 QC 检测项目**

油墨 QC（只用于工作工具、套印和实地功能）功能中，显示器的左侧是已检测色块当前油墨的密度响应值。而对于实地油墨，则只会显示单一密度。对于叠印，色块每一种油墨的密度响应都将显示。右半部分显示 Delta Lab 值，以及所选用的 Delta E 值。检测步骤如下：

①检测实地或叠印色块。

②查看结果。如图 5-28 所示。

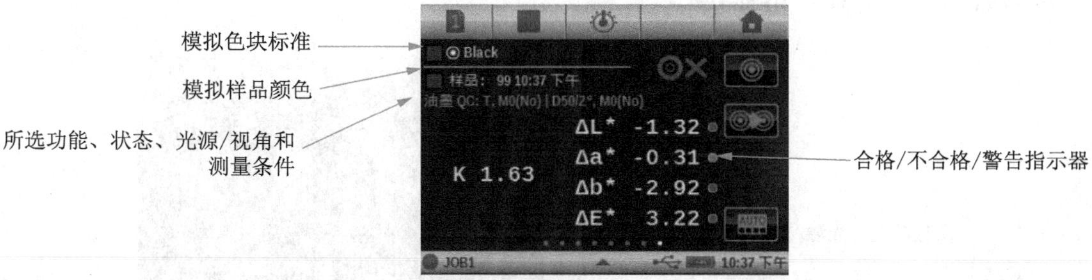

图 5-28　油墨 QC 检测

22. **TVI 表格（只用于工作工具和色调功能）检测功能**

TVI 表格（只用于工作工具和色调功能）可一目了然地呈现一项工作中最终色调检测的 TVI（色调值增加也称网点增大）结果。此外，它还显示三色油墨（CMY）之间的分布值。分布值是通过特定加网百分比（比如 50%）中的印刷色油墨（CMY）最大 TVI 值减去最小 TVI 值计算而得。分布值越小，灰平衡越好。G7 和 PSO 在计算分布值的方式上有细微不同。G7 分布值，为每个定义的色调色块分别计算分布值；PSO 分布值，只计算接近 50%（中间色）的色调色块的分布值。

TVI 表格功能设置（仅限工作）：轻触 TVI 表格按钮并设置结果显示模式。选项有：中间色和全部。TVI 功能设置也影响 TVI 表格功能配置。TVI 检测步骤：

①检测实地色块。

②检测色调色块。

③查看结果。如图 5-29 所示。

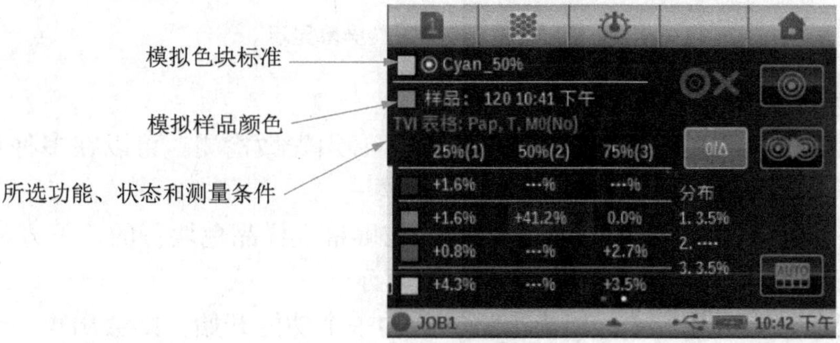

图 5-29　TVI 检测

23. **灰平衡 QC 检测项目**

灰平衡 QC（只用于工作工具和灰平衡功能）在 C、M 和 Y 左半部分屏幕上提供当前样品密度值和正确的色度数据。

轻触灰平衡 QC 按钮并设置结果显示方法。选项有：ΔL*a*b*、ΔE*：右半部分显示 Delta Lab 值。ΔL*、ΔE*、ΔF 适用于 G7。检测步骤：

①检测灰平衡色块。

②查看结果。如图 5-30 所示。

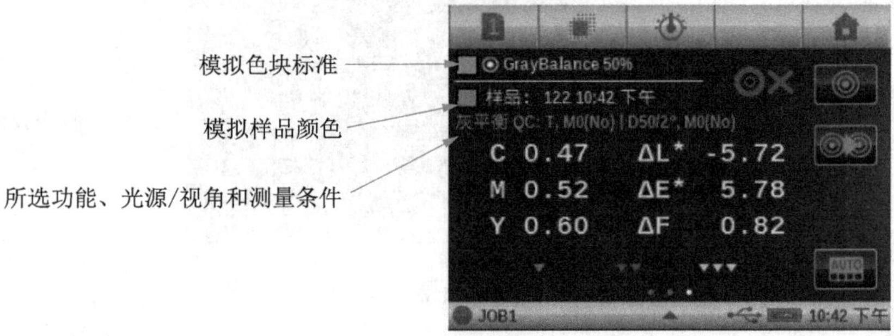

图 5-30　灰平衡 QC 检测

三、检测工具选项设置说明

每个检测工具在导航栏和检测屏幕上都有不同的选项图标（图 5-31），可用这些图标用于检测和观察设置参数。但有些选项图标可能无法使用。

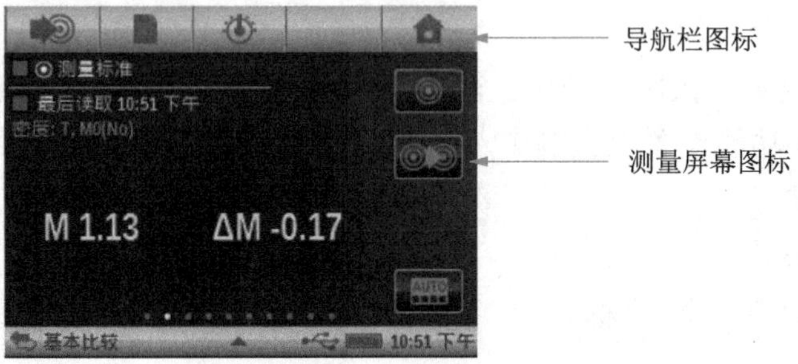

图 5-31　检测工具屏幕显示

1. **纸张检测工具**

在色块检测中，纸张被认为是色块的一种，必须先做检测。可以在多种功能和多种工具（基本、比较和搜索）中共用相同的纸张检测。

如果当前功能使用减去纸张参考，它将会在屏幕上样品色块行的正下方显示。-Pap 与其他参数如光源 / 视角、密度状态、M3 等一起显示。

如果检测在需要纸张参考（但尚未检测）的一个功能开始，则会出现一个弹出窗口，说明需要先检测纸张。可以轻触取消图标或检测纸张，如图 5-32 所示。

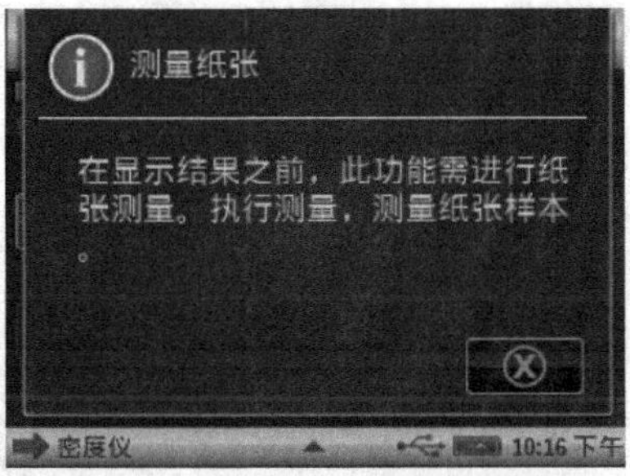

(a)

或

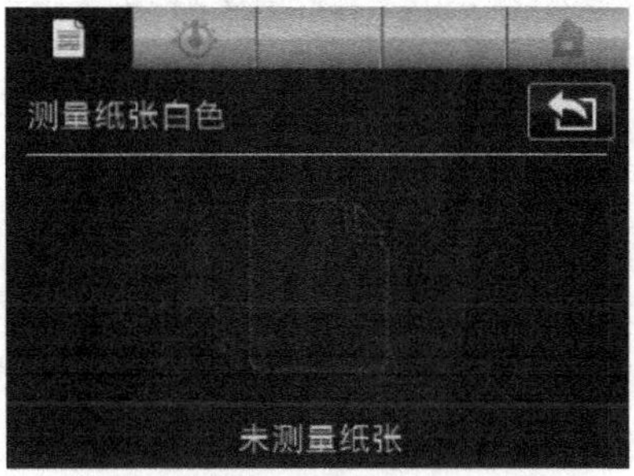

(b)

图 5-32　检测纸张

2. **检测标准（仅限于比较工具）**

此图标用于进入检测标准的屏幕，还可以通过选择标准图标，从现有的色库中选择一个标准。检测屏幕上的样品，使其成为当前标准。如图 5-33 所示。

图 5-33　检测标准图标

3. **纸张选择图标（仅限于工作工具）**

工作工具是唯一可以存储样品的工具。在生产模式时，当前印张号将显示在导航栏中的纸张图标上，准备模式时则不显示数字。

通过此屏幕进入和退出生产模式 / 准备模式，可轻松在样品存储的打开和关闭状态之间进行切换。

准备模式 = 故障排除：不存储样品测取读数，以便根据需要作出调整。

生产模式 = 样品存储开启：准备收集读数以进行进一步的软件分析，以获得认证或其他类型的记录。

印张控制可以在当前工作中操作时从不同的纸张中分离一个特定测试印张的读数集合。

编号图标用于进入可清除当前印张或保存新印张的屏幕。如果选择了清除，也将删除与印张一起存储的样品。

4. **色块类型图标（仅限于工作工具）**

根据工作工具中所选的色块类型，可能会显示纸张、实地、套印、色调或灰平衡色块。选择此图标进入可选择不同色块类型的屏幕。将显示所选色块的最后检测结果。包含以下几个模块（图 5-34）：

纸张：基材、非印刷色块。

实地：100% 印刷的单色油墨。

叠印：一层压一层地打印两层油墨，油墨顺序决定先印哪种油墨。

色调：以百分比加网印刷的单色油墨。

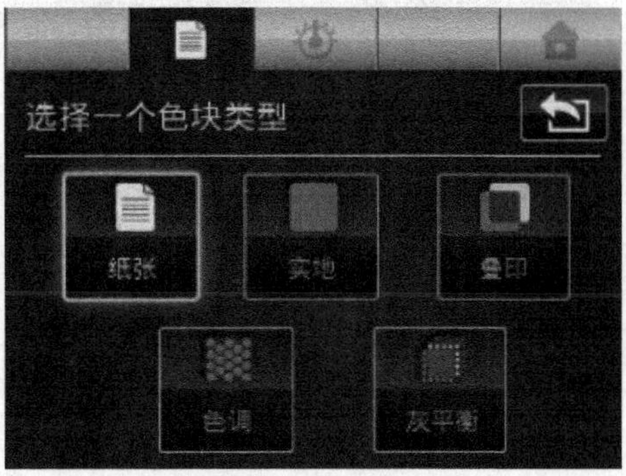

图 5-34　色块类型图标

灰平衡：以不同色调值打印的 C、M、Y 三色油墨色块，以便重建一个灰色色块（或匹配一个中性印刷密度色块 = 黑色色调）。

5. **颜色模式查看**

颜色图标用于进入基本、搜索和比较工具的颜色模式。使用工作工具时，该图标用于进入自动识别屏幕（图 5-35）。如果颜色图标中显示“自动”，即表示选择了自动调色或自动色块。

自动：该选项用于四色印刷。仪器自动显示主导印刷色彩值（青色、品红、黄色或黑色）。

专色：该选项用于专色。显示主要波长的密度值。

青色、品红、黄色、黑色：对于特殊需求，可手动选择四色滤镜。

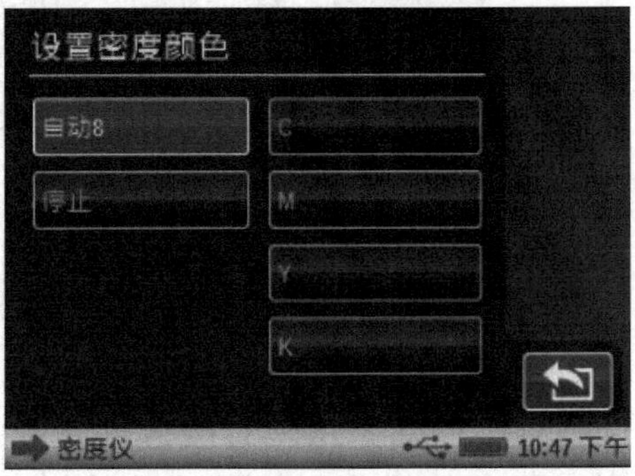

图 5-35　颜色模式图标

6. **查看标准或色块图标**

对于搜索和比较工具，此图标用于查看当前标准或从色库选择标准。对于工作工具，此图标用于查看当前标准。

底部圆点表示可以左右滚动查看当前标准的颜色信息。

对于基于反射率的标准，颜色信息将由 Lab 和 CMYK 值（所使用参数将匹配当前工具的设置、光源 / 视角、密度状态等）提供。

如果标准基于颜色值（没有可用的反射曲线），底部圆点则表示该标准存在多少级颜色值。轻触容差图标（如适用），查看标准的容差设置。可能在底部显示的圆点指示可查看的额外的容差设置（最多八个）。如图 5-36 所示。

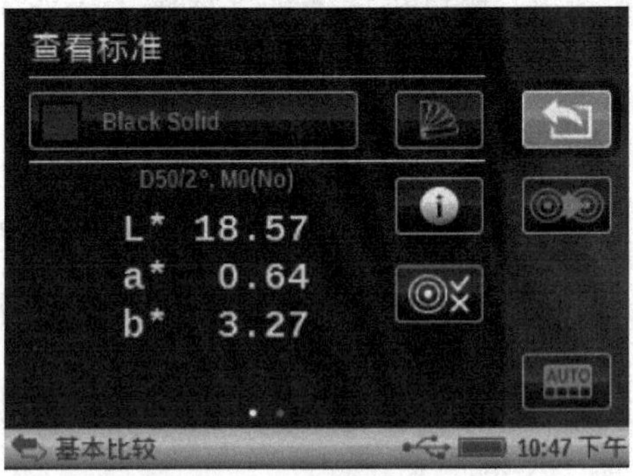

图 5-36　标准的容差设置

7. **比较工具**

比较工具是一个快速比较标准和样品检测的方式，它无须存储数据。进入模式后，第一步是设定标准。其后每次检测都要与其比较。如果需要，可以重新检测标准。比较工具的检测屏幕图标将显示为橙色。注意：此部分包括利用比较工具进行平均与合格 / 不合格检测的程序。

8. **合格 / 不合格检测显示**

合格 / 不合格检测显示具有容差设置的任何标准。一般而言，检测结果区域中样品和标准名称旁的区域将显示整体合格 / 不合格状态的图标。如果当前功能显示匹配活动容差的 delta 值，旁边还将显示一个色轮，以指示特定的容差合格 / 警告 / 不合格的状态。图 5-37 为合格与不合格检测显示。

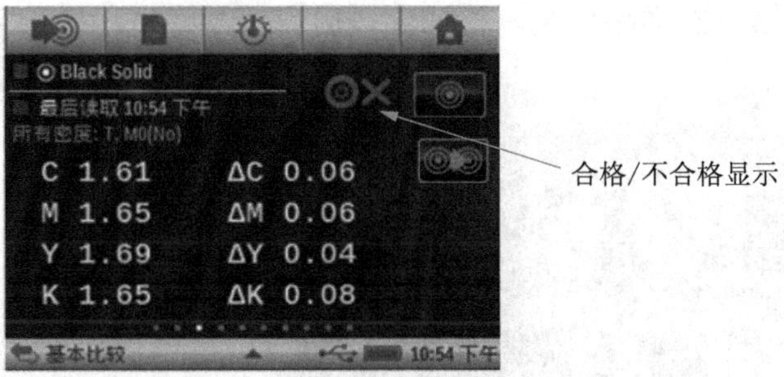

图 5-37　合格 / 不合格检测显示

9. **平均值检测工具**

仪器可以计算非均质样品的检测平均值。平均值可设置为“关闭”或最大值为“5”的检测。检测前必须设置平均值，样品的平均设置为 3，检测步骤如下：

①选择平均值检测程序的工具和功能。

②按需求检测纸张。

③使用仪器进行第一次样品检测。完成检测后，仪器会在屏幕中显示“1/3（第 1 次检测，共 3 次）”，表示还需进行两次检测才能求得结果。

注意：轻触“平均值”弹出窗口的“完成”按钮可随时退出平均值步骤。此时，仪器仅对按下按钮之前所进行的检测计算平均值，如图 5-38 所示。

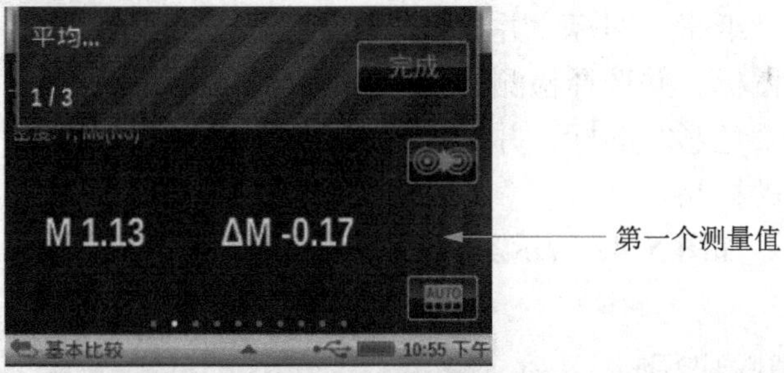

图 5-38　第一次检测

④使用仪器进行第二次样品检测。完成检测后，仪器会在屏幕中显示“2/3（第 2 次检测，共 3 次）”，表示还需进行一次检测才能求得结果，如图 5-39 所示。

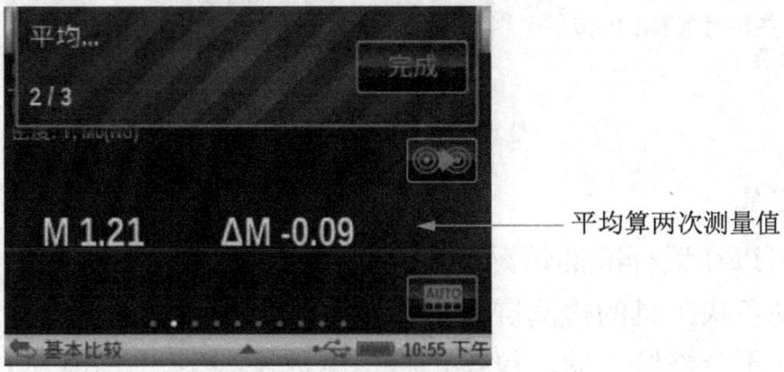

图 5-39　第二次检测

⑤使用仪器进行第三次样品检测。检测完成后，仪器将显示平均值，如图 5-40 所示。

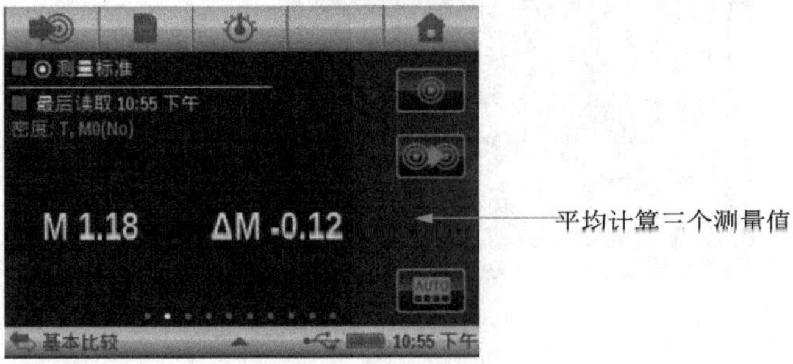

图 5-40　第三次检测

10. **搜索工具**

搜索工具用于在色库中搜索最接近的色彩标准。获得的色彩值（实际值和差值）不会存储于仪器中。搜索工具的检测屏幕图标将显示为绿色。

搜索检测步骤：

①轻触“搜索工具”图标，进入检测屏幕，如图 5-41 所示。

②轻触“标准”图标 并从色库里选择标准。

③如果需要轻触“纸张”图标，并检测纸张。

④轻触“功能”图标，并选择检测功能。

⑤如有需要轻触“色彩”图标，并选择色彩。

⑥检测用于搜索的样品。

⑦查看检测结果，如图 5-42 所示。

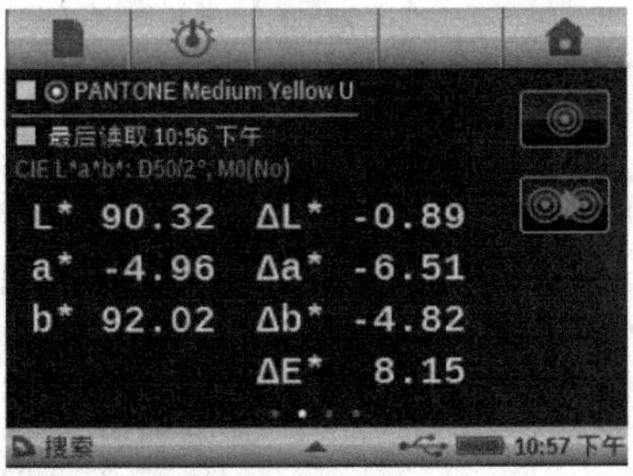

图 5-41　搜索菜单

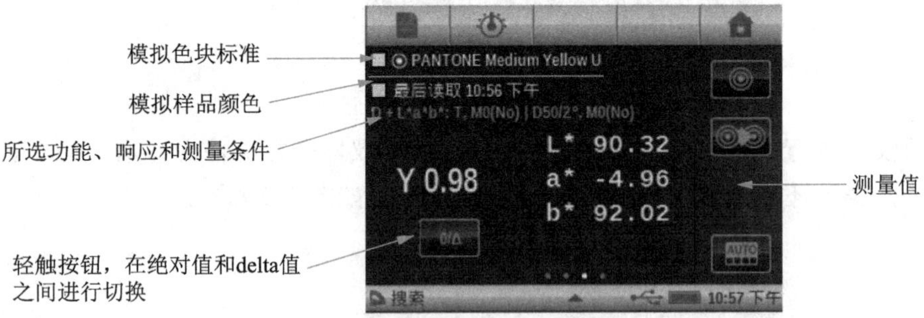

图 5-42　查看检测结果

11. **自动色块工具**

自动色块工具可以在无标准的情况下，使用 CMYK 工作自动色块识别功能执行各种密度和色彩测试。自动色块工具的检测屏幕图标将显示为青色。所有的检测结果都是绝对（没有 delta、没有合格 / 不合格等）的。仪器仍将检测色块类型，并在进行每次检测时记忆。仪器只会自动检测印刷色（C、M、Y、K）。图 5-43 是自动色块的检测屏幕。

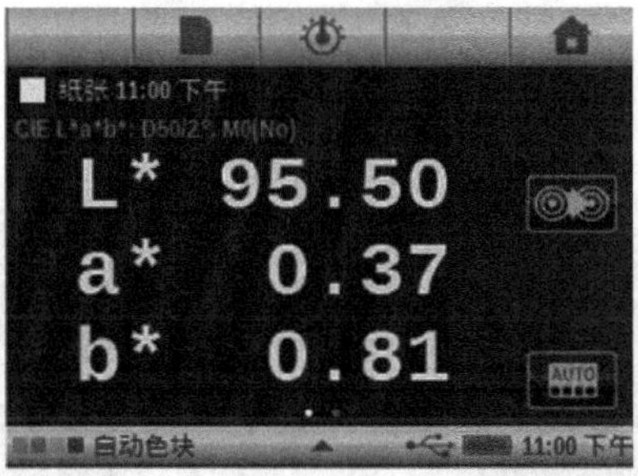

图 5-43　自动色块的检测屏幕

12. G7、PSO 和 JapanColor 工具

这些工具的设置使用了其流程规范的定义。这些工具不预设区域设置。与其他工具的不同之处在于，“恢复工具默认设置”可将工具恢复到最初设置，而不是当前用户配置文件设置。仅列出了为这些步骤定义的工作模块（如果工作模块为 G7 定义，则仅出现在 G7 工具中）。以下功能可预设，但不能更改。

（1）G7 工作

纸张 QC：色彩空间 CIE L*a*b* 预设为 CIE L*a*b*。

灰平衡 QC：显示器预设为 ΔL*、ΔE*、ΔF。

TVI 表格设置：分布预设为全部。

（2）PSO 工作

纸张 QC：色彩空间 CIE L*a*b* 预设为 CIE L*C*h°　。

灰平衡 QC：显示器预设为 ΔL*、Δa*、Δb*、ΔE*。

TVI 表格设置：分布预设为中间调。

13. 复查 / 编辑工作参数

工作功能和设置通常在下载到仪器的所选工作工具内进行分配。

①轻触并按住主菜单屏幕上的工作工具图标，进入工作编辑屏幕。选择工具后，轻触状态栏的三角图标也可以进入工具设置。如图 5-44 所示。

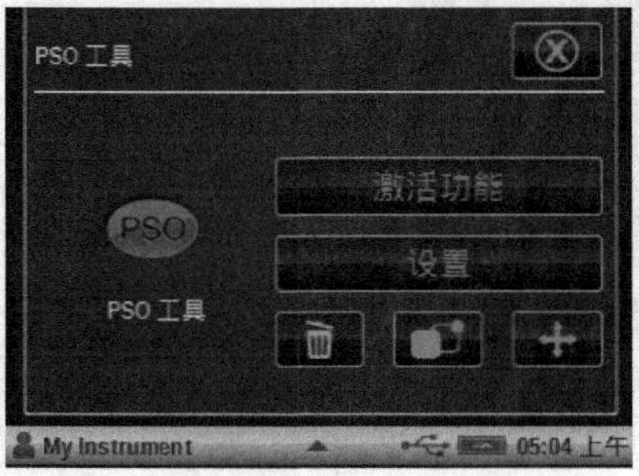

或

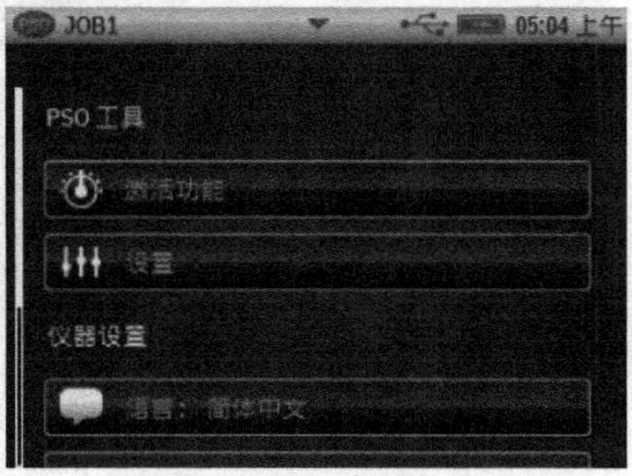

（a）　　（b）

图 5-44　工作编辑屏幕

②轻触激活功能按钮，查看检测过程中可用的复查 / 编辑功能。

③左右滑动屏幕，进入不同色块类型活动功能列表：纸张、实地、色调、叠印和灰平衡。

④轻触空框添加复选标记，激活所选色块功能。要停用功能，轻触复选框移除复选标记。上下滑动屏幕查看其他功能。如图 5-45 所示。

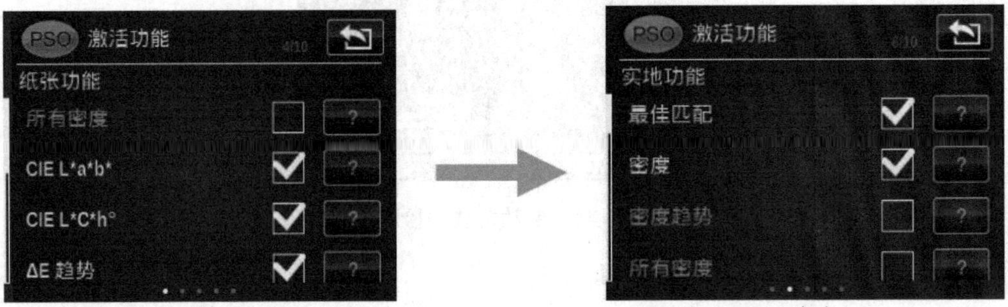

（a）　　　　（b）

图 5-45　激活功能显示

⑤轻触“返回”按钮，退出“激活功能”选择。

⑥如有需要，轻触“设置”按钮，编辑各种设置。请参考前面“检测工具设置”部分，查看对所有设置的说明。

14. **样品存储工具**

（1）准备模式

在准备模式里（“生产模式”复选框未选定），由于正在检查或调整专色而没有存储检测。

（2）生产模式

在生产模式（图 5-46）中，工作工具中的任何检测值将作为样本被存储在当前印张号中，并可以上载至 iQC Print 或 exact Manager 软件进行进一步分析。从 iQC Print 或 exact Manager 应用程序中删除样本前，该样本被存储。通过选定“生产模式”复选框来存储样本。生产模式将在导航栏中的印张控制按钮上以数字显示在顶部和底部。所有检测的样品将存储在当前指示的印张上，直到印张被清除或新建一个印张。

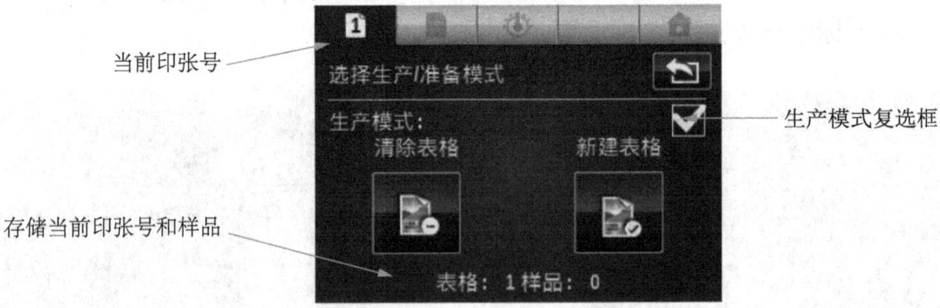

图 5-46　生产模式

清除印张按钮：此功能将永久删除所有可能存储在当前印张的样品，而工作模式将以从未进行任何检测的方式操作（需要再次读取纸张色块）。

新建印张按钮：印张号将以“1”递增，并已保存为上一张印张储存的所有样品。建立新的印张，需要从纸张开始重新检测色块。

所有工作工具的一般操作和工作流程都基本一致。以下是 G7 工作步骤的一个例子：

①轻触主菜单屏幕上所需的工作工具图标。

②轻触“选择工作名称”按钮，并选择现存工作名称或新建一个工作名称。轻触“新建工作名称”按钮并输入一个新的名称，以建立新的工作名称。如图 5-47 所示。

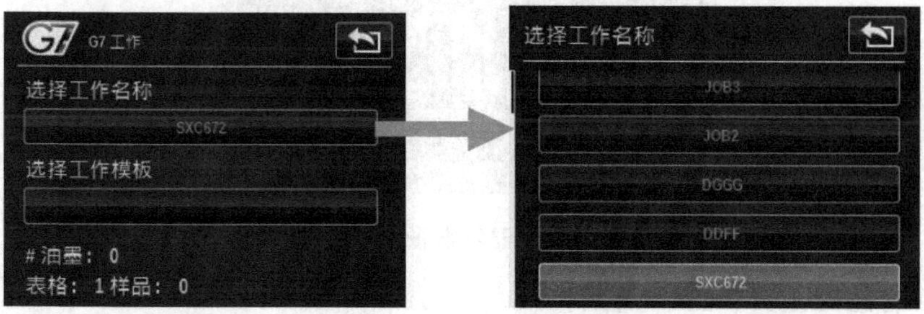

图 5-47　建立新的工作名称

③轻触“选择工作模板”按钮，并从下载至仪器的列表上选择一个工作模板。如图 5-48 所示。

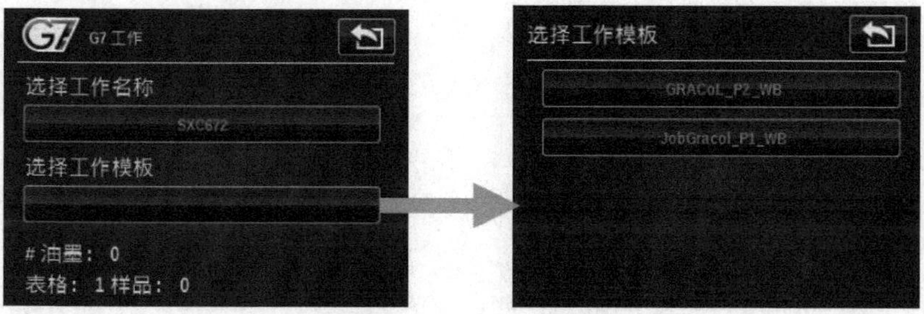

图 5-48　选择一个工作模板

④轻触“确定”按钮，关闭选择屏幕并进入检测屏幕。如图 5-49 所示。

⑤检测基材，如图 5-50 所示。

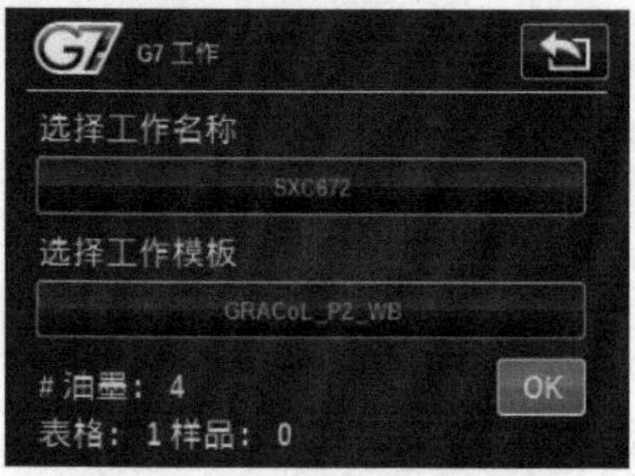

图 5-49　进入检测屏幕

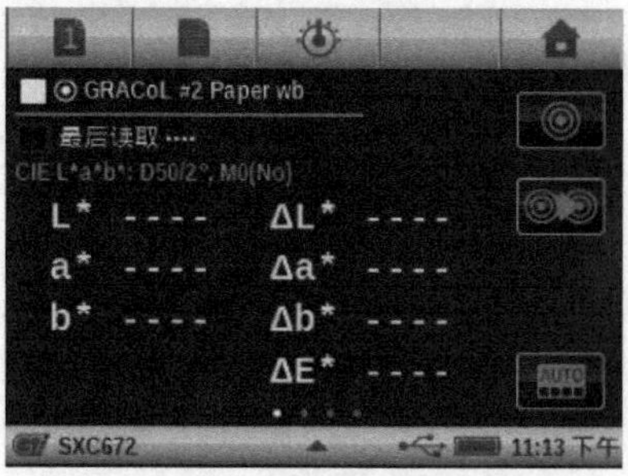

图 5-50　检测基材

⑥显示纸张检测参数在纸张所设的警告容差范围里。

⑦左右滑动屏幕，查看纸张色块的其他可用功能。

⑧检测工作的实地色块。

⑨根据定义为所选工作检测其他色块。

⑩要将“准备模式”变更为“生产模式”时，轻触“印张”图标 。

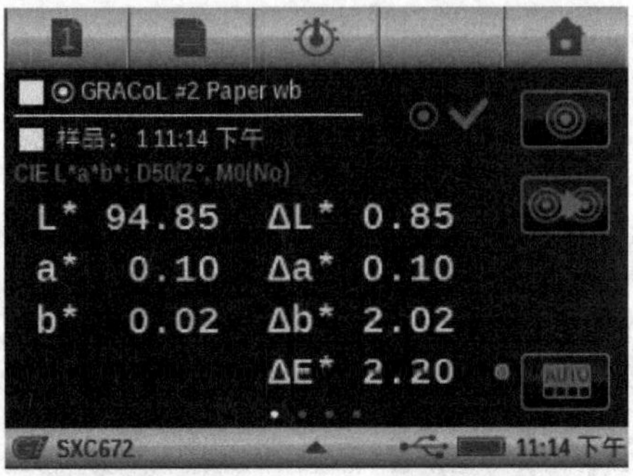

图 5-51　显示纸张检测参数

⑪完成后轻触“主页”图标 退出。

⑫再次轻触“主页”按钮继续操作，或轻触“返回”按钮返回。

情境六 印刷品质量在线检测

教学目标

全自动印刷品质量检测系统是一种基于视觉在线的检测系统，通过摄像机在线扫描印品图像，然后送至内存通过图像处理软件处理，结果与标准数据比较，找出两者之间的差异并分析产生误差原因，进而重新设计参数，更好地提高印刷质量。该技术的出现大大减少了印刷品质量控制的人为干预，能大幅度提高印刷机械的生产效率，从而降低了对操作人员技能的要求，为真正实现印刷机械的自动化、智能化提供了一项可行的实施方案，具有广阔的开发和应用前景。本情境通过讲解印刷质量在线检测的原理和检测方法，使读者掌握色彩检测方法和原理、套准检测的控制、图文检测的分类，以及常见的海德堡在线印品质量检测系统的基本检测原理。

能力目标

1．掌握在线套准检测系统的构成以及各部分的作用；
2．掌握海德堡在线监测系统 CPC1、CPC2、CPC3、CPC4、CPC5 的主要功能。

知识目标

1．掌握密度检测和色度检测的基本方法；
2．掌握分光光度测量的原理；
3．掌握开环和闭环色彩控制系统的区别；
4．掌握套准检测的原理；
5．掌握印刷图文检测原理。

随着印刷技术的发展，传统的控制质量的方法将被数据化、标准化和规范化的质量管理所替代，即把印刷质量控制条放置在印张的拖梢或侧旁与印刷图像一起印刷，用密度计测量各种图像色块的光学密度，经过计算，换算成需要控制的质量数据，用人工的方法或利用

“印刷质量自动控制装置”来控制印刷质量。

一、色彩检测和控制系统

决定印刷图文质量的主要因素是纸张上的墨量和色彩套准。如何将各分色版的单色油墨准确地叠印到其他颜色的油墨上，这是保证再现彩色图文的关键。由于胶印机速度不断提高，一旦出现问题，将造成很大的损失，因此印刷质量检测和控制就显得特别重要。一般将色彩控制条上的测标和套印标记与印刷图文同时印刷，以便于检测墨色和套准。色彩检测和套印检测一样，分为离线检测和在线检测。

色彩检测有三种基本方法：密度测量法、色度测量法及分光光度计测量法。目前三种方法都在使用。三种方法都可以进行离线或在线测量。

（一）密度测量法

密度测量法是应用密度仪（计）测量墨膜的密度。每种油墨的墨膜厚度和密度有对应的关系，图 6-1 所示是墨膜厚度与油墨密度的关系。所以，密度测量值反映了墨膜厚度。人们对颜色的明暗感受与密度呈非线性递增关系，即人们感觉颜色越深，密度就越大；人们感觉颜色越浅，密度就越小。因此，印刷操作人员可以很方便地用密度值来控制印刷的颜色。由于密度变化直接反映墨膜厚度变化，也就是直接反映每个印刷机组各墨键的给墨量的变化。所以利用印品密度测量值和标准样张密度值的差异，可以直接计算出墨键供墨调整量，进而调整对应印刷机组的输墨系统比较简捷。

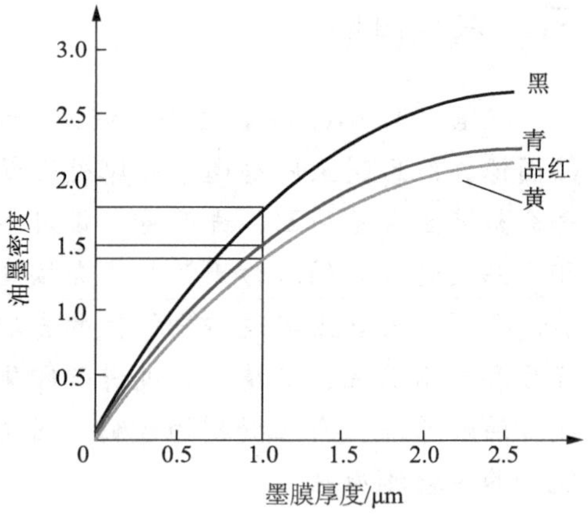

图 6-1　墨膜厚度与油墨密度的关系

现有多种手持式光学密度测量仪。如果要有效地使用手持密度仪，则彩色控制条必须配置专门供密度计测量的测标。用手持扫描仪逐个扫描测量一系列各个测标，并记录在记录系统中。

在一张宽 100cm 的印页上，通常整个横向有 200 个测标。必须测量每个墨区和每个印刷单元的实地测标。这样，4 种印刷色彩、32 个墨区共有 128 个读数，还不包括印页上有关的网目调读数、油墨接收性读数等。尽管有些系统可以采用面积更小的测标（3mm × 4mm）。但典型的测标大小是 5mm × 5mm。

为了提高测量系统的自动化水平和测量速度，大约自 1977 年开始，人们就在开发能同时测量多个色彩控制条，并通过自动扫描方式进行测量的测量系统。系统测量杆（测量杆安装在控制台上）在若干位置沿专门设计的彩色控制条侧面移动，逐色同时测量每个墨区的色彩控制条。密度测量杆可同时测量各墨区对应的色彩控制条，并显示各墨区色彩的变化。

在 20 世纪 80 年代初期，有些系统也采用了上述测量方法。这些测量系统采用密度扫描传感头自动扫描整个印页上的控制条，一次扫描即完成测量，多机操作模式下的扫描密度仪可进行色彩测量，并将测量数据传给印刷机控制台进行油墨控制（CPC2，海德堡机）。

为了更有效地使用这种有价值的扫描系统，人们还设计了这种扫描系统的多机作业模式。在此，单个彩色测量系统就可以负责多台印刷机印页的测量（通常是 3 台印刷机，最多 4 台），并将测量数据发送到相应的控制台上，控制台将其显示在显示屏上，操作人员可据此调节印刷机。功能更强、更实用的测量设备总是伴随着控制方法的发展而发展。根据色彩测量数据、测量值与测量参考值之差或测量值与样张已知值之差，控制方法可以计算出印刷单元的供墨量并进行调节，在机器运转的过程中，根据该调节量迅速调节对应的供墨单元。

上述测量系统是一种“分离式”测量系统，其光学密度传感器与印刷机控制台是脱机的，它不仅能够测量印页的色彩密度，而且单个测量系统可以负责多台印刷机印页的测量。与这种“分离式”测量系统相对应，也有一些测量系统的光学密度传感器是与印刷机控制台联机的。

（二）色度测量法

色度测量是建立在色度学技术基础上的。利用色度计直接测量，并经色度计内部转换而得到颜色的三刺激值。色度计输出的电信号大小与颜色的三刺激值成正比。色度测量更符合人眼的色彩视觉特性，能对颜色特征作出精确的测量与描述，并加以量化；利用测量值能对颜色进行精确匹配，因此可以对印刷过程实施精确控制；色度测量可以直接检测印刷图像，是确保印刷品和标准样张一致的重要测量方法。

（三）分光光度计测量法

20 世纪 80 年代后期，由于光电设备的创新、功能强大计算机的出现以及设备配件成本的降低，色彩测量仪的性能、质量及其在印刷厂的应用都得了突破性的进展。色彩测量开始走出实验室，真正进入实际生产应用。

分光光度计又称光谱分光光度计。分光光度计测量的是颜色表面可见光谱各波长光的反射率。利用分光光度计，对可见光谱的光按一定步距（一般为 5nm 、10nm 、20nm）照射颜色表面，逐点测量反射率，获得被测颜色表面的分光光度曲线。每条分光光度曲线唯一地表达一种颜色。色度测量和分光光度测量，虽然比密度测量可以更有效地测量和控制印刷质量，但其测量值与标准样张的差异，并不能直接反映每个印刷机组输墨控制的变化，需要将测量值转换为印刷的基本色，再经过计算，才能调整每个印刷机组的输墨系统。

配有扫描分光传感头的测量系统可以记录精确描述某色彩空间的三维坐标，根据这个三维坐标，就可以准确确定一个颜色（如色彩空间）。

为了控制印刷机的供墨量，必须将色度测量值转换为供墨单元四个基本色（黄、品红、青、黑）的设置值。也就是说，要根据经验参数创建专门的转换算法，这在某种程度上是因为测量及印刷所涉及的过程太复杂，印页与印页之间的印刷结果也不完全一致。当读数改变时，采用自适应、自学习转换系统就可以追踪读数的变化，实现读数与印刷机设置值之间的连续变换。图 6-2 的简单框图表示了印刷机是如何控制供墨的。

通常，采用光谱色度测量和控制的方法只要 3~4 步调节就可达到规定的色彩要求，而密度测量方法则要调节 8~10 次才行，具体要根据印刷品的复杂程度和使用的印刷纸张而定。

市场上有多种可供选用的手持式光谱色度测量仪，事实上在 1995 年前后，这种仪器就已经完全标准化了。比如，这种仪器几乎都有一个附件，用于根据光谱读数分别计算和显示光学色密度值。这项工作也可通过根据色度原理和三色滤片设计的测量仪器来完成。

无论是光密度测量法，还是分光光度测量法，都是测量与印刷图文一起印刷的有关测标（彩色控制条）。从原理上讲，只要已知每个单色的面积覆盖率，采用色度测量技术，并根据印刷的图文，就可以控制印刷作业准备过程和生产过程中印刷机的设置。然而，它还必须从印前获得数据，特别是每个单色的面积覆盖率。在生产过程中，可以采用特别选定的部分印刷图文的数据（如每个色的实地色块），作为控制设置调节的依据。另外，在前述的二维测量系统的 X/Y 坐标系中，扫描头可以按 X、Y 二维方向移动到待测区域的指定坐标。当彩色控制条在图文区域交错排列时，即分布在整个图文区域时，这种二维测量系统就必不可少了。除此之外，这种测量系统还可以记录和分析印刷图文的位置。

分光光度测量仪，可以测量整个图文区域，其扫描分辨率大约为 2mm × 2.5mm。该系统可以分析多个连续控制条或分布在图文各个部分的测试点，也可以有目的地在印刷图文部分预先选择一些点作为测量或控制用。这种测量系统能够对整幅图像进行扫描，其主要优点是：在检测某个印刷颜色的同时，也检测了整个印刷图文，即采用合适的图像处理方法处理整个印刷图文上的脏点或瑕疵。因此，这种系统不仅可以对印刷控制要素进行传统的密度测量、分光光度测量，还可以检查图文自身的状况。

（四）开环和闭环色彩控制系统

色彩检测的目的是为了找出印刷品的实际色彩与标准样张色彩的差异，进一步调整墨量供给，保证印刷品真实的再现原稿色彩。目前色彩检测和控制主要有开环和闭环两类。

1. 开环色彩控制系统

目前大部分印刷机都采用开环色彩控制系统。开环色彩控制系统是指检测和墨色调整分两步进行。根据胶印机的不同配置，目前开环色彩控制有以下三种方式：

①离线检测人工调整离线检测印刷品的色彩，根据检测结果和标准样张色彩的差异，由操作人员手工调整相关墨区的供墨量。

②离线检测机器自动调整离线检测印刷品的色彩，而后将色彩实测结果输入印刷机的墨色控制装置，由墨色控制装置和已经事先输入的标准样张色彩值进行比较、计算误差，根据误差的超差值计算相关墨区的调整值，而后发出调整指令，各相关墨区自动调整供墨量。

③在线自动检测人工调整供墨量，将检测结果显示在显示屏或记录下来，由操作人员根据显示或记录，在需要调整时，由操作人员调整相关墨区的供墨量。

2. 闭环色彩控制系统

闭环色彩控制系统如图 6-2 所示。印前数据形成的墨色预调值，通过操纵台形成墨色调节指令（如墨斗键开度），进行墨色预置。图像数据、生产信息，通过闭环服务器形成的色彩额定值（标准值）输入闭环控制系统。在印刷过程中，利用扫描头对印刷控制条或画面进行在线扫描测量。将测量值输入闭环控制系统，由计算机将测量值和色彩额定值进行比较、计算差值，并将超出允差值的差值自动转换成墨色校正值。控制系统根据墨色校正值发出指令，相关部位自动调整供墨量（如调整墨键开度），形成一个完整的由检测到调整的自动闭环控制系统，保证印刷品色彩和色彩额定值（标准值）的一致性。

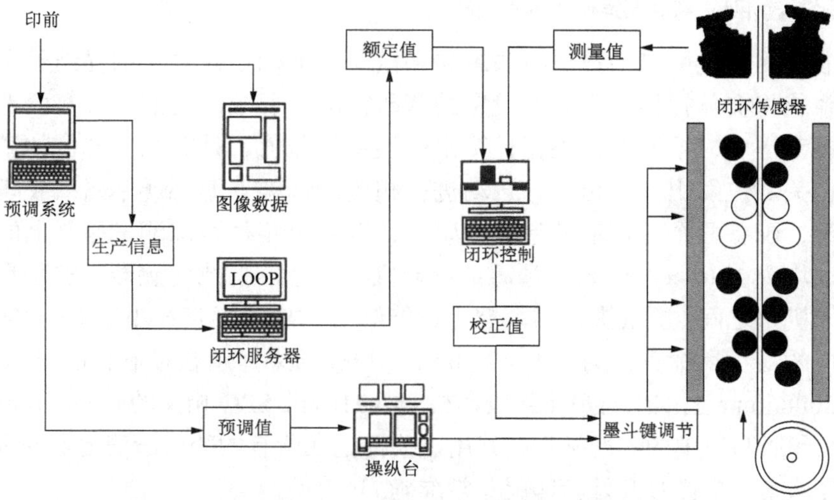

图 6-2　闭环色彩控制系统

闭环色彩控制系统不受人为因素和光线状况的影响。可靠、客观地判断和调整印刷品色彩，减少废品，提高印品质量，减少调机时间，提高印刷效率。闭环色彩控制系统的检测数据，可以随时在显示屏上显示，也可以存储。存储的数据可以提供用户作为验收的依据；还可以作为印刷厂有关人员研究印刷机的使用情况、改进操作、提高质量的依据。目前高档、高速胶印机较多采用闭环色彩控制系统。

二、套准检测、控制与印刷图文检测

套准检测和控制的方法是测量印刷控制条的套印标记。检测系统把纵向和横向套准的测量数据，与标准样张的套准数据进行比较，用其超出允差值的差异值，对相对应的印版滚筒和传纸滚筒进行轴向、周向调整，和（或）对角调整（有的单张纸胶印机对角调整设在传纸滚筒上）。套准检测和控制有离线检测和开环控制系统，以及在线检测和闭环控制系统。一般是根据用户的需要配置。无论是单张纸胶印机还是卷筒纸胶印机，两种检测和控制方法都在使用。

（一）离线套准检测和开环控制系统

带放大镜的手持套准标记阅读器（测量仪），内有两个高分辨率的 CCD 线阵扫描传感器，分别测量纵向和横向套印标记的位置。操作人员根据实际测量值和套印要求超过允差值的差值，进行印版滚筒和相关部位的调整。手持套准标记阅读器的测量结果，也可以通过红外线，把它传送到印刷机控制台的套准控制装置。由控制台的套准控制系统根据实测结果和标准套印要求超过允差值的差值，对印版滚筒等相关部位发出调整指令，进行相应的调整。

（二）在线套准检测和开环控制系统

在线检测套准系统自动检测纵向和横向套印标记的位置，检测结果显示在显示屏上。当检测结果超出规定套准允差值时，检测系统发出警示（如声音），由操作人员根据情况进行适当的调整。

（三）在线套准检测和闭环控制系统

在线套准检测系统可自动扫描检测纵向和横向套准标记，并将扫描结果送入套准控制系统，控制系统将实际扫描结果和原设定的套印标准（要求）对照，计算两者的差值，在差值超过允差范围后，系统自动根据计算出的误差超差值，计算相关部位的调整值，并向印版滚筒等相关部位发出调整指令，自动进行相应的调整。海德堡单张纸胶印机在线色彩套准测控系统，配备两个可移动的检测传感器，以两个路径跟踪测量印张上的套准标记，套准标记大小均为 1mm × 1.5mm。卷筒纸胶印机在线套准检测传感器，安装在最后一个印刷机组和干燥机组之间。测量头扫描套准标记能够可靠地捕捉直径小于 1mm 的测量目标，目前可以捕捉的最小目标直径为 0.2 ～ 0.3mm。扫描结果显示在控制台的显示屏上。

高宝在 2008drupa 上推出与单张纸胶印机 DriveTronic SPC 相关的 DriveTronicIdent 装置，它能够读取在印版叼口中的套准标记，并用这些标记在所有的印版滚筒上实现理论上的零误差套准。这样从第一个样张开始套印就非常准确。

市场上，也同样有多种自动化程度不同的套准测量和控制系统供用户选用。任何具有简单视觉辅助（光学放大镜）功能的手持仪器，在光电器件的辅助下，都可从套准标记上可靠、迅速、准确地检查其是否套准。套准测控仪在完成标记线的测量后，测量系统又通过红外线，将套准标记相对于参考值的偏差传递给控制台计算机，再由计算机控制印版滚筒的调节。或者套准测量系统，通过视频放大镜，它可以将图文区域的套准标记显示在监视器上。通过计算机检测套准标记，并采用适当的图像处理程序，即可以测量，并定量计算出套准所需要的任何调整。然后，由操作人员据此调节印刷机。

采用放大镜 / 光学放大镜是最简单的色彩套准测量法，即检查图像的局部。如果这种放大镜再加上一个测量标尺，则印刷工人就能够判断出纵横套准需要的调节量大小。

在图像旁边印刷的专用套印标识，使这种方法变得更容易。这些标识配置在印版上，如果叠印很好，相关的油墨 / 色彩分色版的所有线 / 标识，恰好一个叠在另一个上，或者形成特殊的结构（套准标识、套准十字线）。采用放大镜放大观察时，可以确定其偏移量，并用于印刷机的调节。

采用自动色彩套准测量仪，操作者可以进行自动检测及其量化评价，还能显示其偏移量。另外，这些仪器甚至还可以直接在印刷机中自如调节。

今天在制版中，也开始使用套准系统，大大提高了上版精度，使基于图文的必要修正已经极少。这些操作可由操作人员简单、快速地完成。正确的墨量设置是最大的挑战，也是减少印刷准备时间的最大潜力所在。套准调节通常与供墨调节同时进行，但事实上，正确的色彩套准调整比正确的供墨调整要快得多。

（四）印刷图文检测

供墨和色彩套准并不是影响印刷质量的全部因素，因为图文本身也相当复杂。有时客户会要求印刷品显现某些特殊的细节，这样就可能产生一些印刷问题，这些问题既可能是输纸引起的，也可能是印刷机运行中无法反映的任何控制元素引起的。如由于输纸不当造成的纸张擦痕或橡皮布脏污造成的环状白斑等。

为了检测印刷质量，尤其是检查高速运转的卷筒纸印刷机的印刷质量，可采用可视化检查工具，使操作人员能快速发现上述故障，或警告操作人员采取正确行动。这种监视系统主要依靠复杂的高精度摄像设备，如图 6-3 所示。

一般来说，这种基于高分辨率照相机的印刷监控系统的检测，仅仅限于印刷图文的局部，如果系统功能足够强大、足够复杂，也可用来对整幅印刷图像进行监测。基于计算机强大的计算能力和测量记忆，这些系统可以实时监控高速运转的印刷过程，及时处理数据，并在必要时给操作人员发出警告，从而使操作人员根据单个印品的详细情况监控印刷运行的状态，分析印刷质量。印刷图像也按照指定的时间间隔显示在屏幕上，印刷机就能实时读取数据、分析数据等。

基于照相机的卷筒纸监控系统主要用于监控卷筒纸胶印机的印刷生产，但是也有一些系统可以记录并分析单张纸胶印机部分印刷图文的数据或全部印刷图文的数据。单张纸胶印机的照相系统，其相机组装在印刷机的收纸装置上，对匀速传送的印页照相。

虽然这种系统技术复杂，但还是满足不了自动配色和自动套准控制中测量质量的要求。因此，仍然需要开发专用的系统。

基于功能强大的彩色光电照相系统以及图像处理方法提供的种种可能性，人们开发了多种专门系统。还为不同的印刷方式、不同的生产系统，尤其是卷筒纸胶印和特种印刷，如标签印刷和证券印刷等开发了专门的应用软件。其中，最广泛使用的是为循环监控卷筒纸胶印和照相凹版印刷开发的应用软件；还有一些专门为高质量印刷检测设备建立的模型。

图 6-3 为检测整个印刷图文的彩色照相系统，是一个这种印刷质量 / 图文检测系统的示例。当纸张完成印刷时，系统立即检测彩色印页的整个图文。未能通过检测的纸张，则被传送到废品收纸机上。

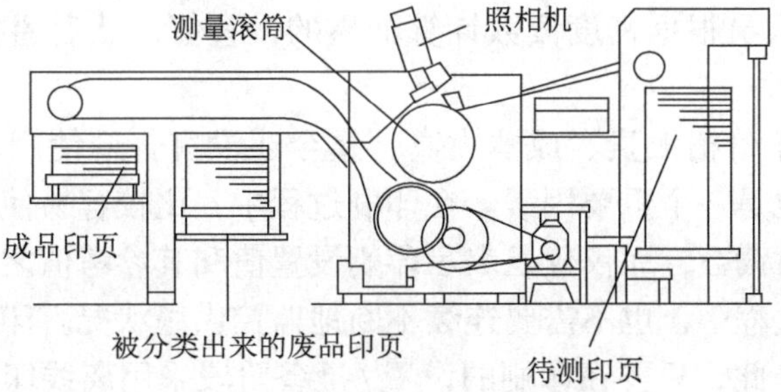

图 6-3　印刷图文检测照相系统

到目前为止，还没有一个图文检测系统能实现必要精度、合理造价的在线测量和色彩控制。但是，所有主要的印刷机制造商和供应商都在为此而努力。

色彩和套准虽然是影响印刷质量的重要因素，但并不是影响印刷质量的全部因素，因为图文本身的构成也相当复杂。因此，除了色彩和套准检测和控制之外，有时还需要对整个印刷图文进行检测和控制。例如：版面检测；字迹检测；漏印、脏点、白斑检测；印刷纸张缺陷检测等。

由于上述问题产生的原因相当复杂。一般采用可视化检测系统检测印刷图文本身。使操作人员能快速发现和处理印刷中出现的各种质量问题。这种检测系统主要依靠高精度的摄像设备，可以进行局部检测，也可以对整个图文进行检测。基于强大的计算机功能，检测系统可以实时监控高速运转的印刷过程，及时处理数据。必要时，可以自动调整或通知操作人员调整机器，处理存在问题。有的图文检测和控制系统还可以记录并分析部分印刷图文，或全部印刷图文的数据。

套准检测和控制采用套准标记。色彩检测和控制大多采用印刷质量控制条，也可以直接检测印刷品画面。图文检测则只能检测印刷品画面。套准、色彩和图文检测系统，可以是一套系统，也可以是独立系统。一般印刷品不配备图文检测系统，只有要求极高或有特殊要求的印刷品才配备图文检测系统。

图文检测系统对印刷图文质量，特别是测标的任何变化，都会迅速在显示屏上显示。经过正确校准的彩色监视器，按要求对印刷品画面的某一部分或全部进行扫描，检测出印刷品和标准样张之间的色差和各种缺陷。检测结果直接传送到控制台，由控制台相关系统进行处理。如出现套准偏差，系统计算出滚筒需要调整的调整量，并发出调整指令进行调整；如出现色差，系统计算出输墨系统某墨区需要调整的调整量，并发出调整指令进行调整；如出现漏印、脏点、白斑、印刷纸张缺陷等问题，系统将显示、警报、插标、剔除等。图文检测和控制，可以设计成专门的检测和控制系统，也可以与色彩检测和／或套准检测合在一起，形成一个综合检测和控制系统。

三、印刷质量的在线测量与控制系统

（一）在线色彩测量系统

1985 年第一台用于单张纸胶印机的在线色彩测量系统产生。该系统采用密度计测量头／测量杠，在最后一个印刷单元压印滚筒上读取色彩控制条的密度，读数显示在印刷机控制台的显示器上。操作人员根据密度读数计算油墨的设置值，然后遥控印刷机供墨单元的调节装置。

这种控制系统由于价格太贵、成本太高，迄今还没有普遍使用。在印刷作业准备时，其功能不是非常强大也是一个重要因素。在印刷过程中，比较容易使用多种系统进行监控，也不需要高精度的绝对读数，而仅仅是表示印刷设置值和其参考值之间是否有偏差。另外，目前在胶印机的运行过程中，也不需要连续不断地监控供墨状况。印刷机启动后，就会处于很稳定的工作状态，因此，只要在印刷的设置／准备阶段采用离线印刷质量测量，而在印刷过程中不断进行检查即可。

从经济角度看，通常卷筒纸胶印机比单张纸胶印机更适合使用在线色彩测量系统。其一是与卷筒纸印刷生产系统昂贵的生产成本相比，在线测量系统的附加成本较低；其二是在极高生产速度的情况下，在线系统具有连续质量监控的优点。在线色彩密度测量技术应用的前提条件是彩色控制条与印刷图文一起印刷。因此，测量工作要么通过一个安装在卷筒纸走纸垂直方向上的测量头来完成，要么通过一个同时记录整个卷筒纸宽度测量值的测量系统来完成。基于这两种方法的系统都有，但扫描系统更为流行，其主要原因是其技术成本很低。在卷筒纸胶印中，可一次测量整个卷筒纸宽度范围内密度的测量系统还有另一个优点，即可记录墨区测量值，以便在印刷准备阶段迅速实现色彩控制，而且其色彩控制首先从卷筒纸的测量部位开始。最重要的是所有测量数据都来自卷筒纸的相同部位。对生产而言，由于生产过程供墨的稳定性，扫描系统只需连续扫描记录几个卷筒纸的所有墨区的测量值数据就足够了。

当真正应用在线彩色控制系统时，就可以成功地处理很多工作，如色彩控制、套准检查和图文检查等，其市场局面才真正打开。如果系统经过了 ISO 9000 行业标准认证，就会使印刷产品的印刷质量提升到与包装工业相同的高度，那么采用在线测量系统就更有意义了。设计者和制造者面临的主要挑战是如何优化系统结构、系统设计以及成本结构，使投资获得有价值的回报。

（二）在线色彩套准测量系统

如前所述，若采用现有的测量系统，卷筒纸胶印机的在线色彩套准监控就不再是一个梦想。尤其是从投资角度来看，一方面使用先进的测量控制系统，不但能进行快速（15m/s）套准控制，而且还可以将系统控制功能进一步扩展到整个生产系统。另一方面，卷筒纸胶印机也特别需要这种在线系统。由于卷筒纸胶印机是一卷纸一卷纸进行生产的，而且印刷速度高，裁切速度也相应地快，发生问题时，是根本无法抽出单个印页进行离线检查的。

图 6-4（a）所示为安装在最后一个印刷单元和干燥机之间的光学传感器；图 6-4（b）为彩色印刷色彩套准标记系统，其标记排列在光学效应不同的印刷位置上；图 6-4（c）为显示器显示套准调整控制状况。整套装置是专门为套准控制设计的测量系统。其测量头在垂直于印刷的方向上，监控套准标记位于装订线、裁切线边或“隐藏”在印刷图文中。系统非常敏锐，能够可靠地捕捉直径小于 1mm 的测量目标，并根据这些测量目标，达到需要的控制目的（目前，最小目标直径为 0.2~0.3mm）。

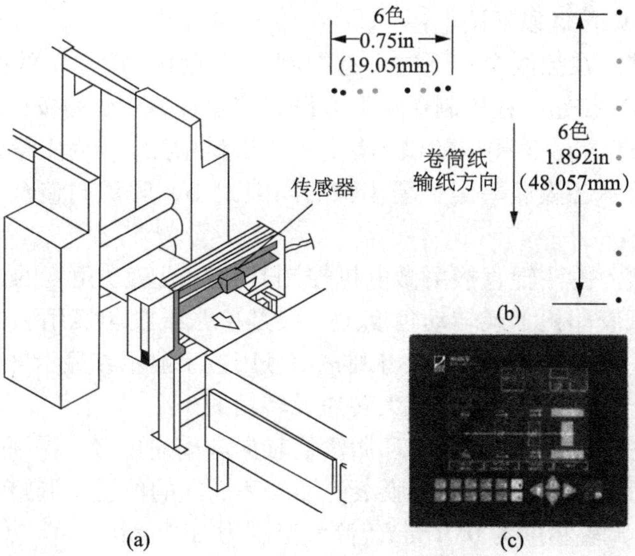

图 6-4　卷筒纸胶印机色彩套准测量系统

边空白处有两个套准传感器随时监控套准标记，其探测速度与印刷机运转速度相同。传感器装在最后一个印刷单元的压印滚筒附近，其测量数据可直接用于控制圆周套准的调整、横向套准的调整和对角套准的调整。每个套准标记的大小约为 1mm × 1.5mm。

（三）人机控制系统

通过密度测量和分光光度测量系统，就可以控制印刷机可能出现的状况。然而，要在印刷机运行过程中对印页进行检查，操作人员就必须从收纸装置中取出印页。

因此，通常印刷品的检测是脱机进行的，在印刷车间，严格的闭环控制是不可能实现的，比如印刷机的操作人员就决定了检测的时间间隔以及检测过程的启动。通过测控系统，计算机计算出测量值和设置值之差，并相应地计算出各色油墨供给的调整量。总之，在监控系统的显示器上，会首先显示密度和色彩值读数以及任何需要调整的数据。这样，操作人员就不需要凭借自己的经验调整，只需根据屏幕显示，动用按钮来对供墨装置进行调节。换句话说，是操作人员完成或关闭了系统的反馈循环。按照系统术语来讲，这种测量控制就是通过操作人员进行控制测量和控制循环的“抽样—实施控制”过程。印刷机操作人员将样品读数与参考数据相对比，在允许的误差范围内，监控颜色向预设色值转换，并判断什么时候抽查下一个样张，并按照所得读数是否正确来调整印刷机。这种人机交互模式管理的整个印刷过程，降低了生产成本。

四、海德堡在线印品质量检测系统

（一）墨色和套准控制系统 CPC1

1. CPC1-01 系统

该系统是控制印刷机墨色和套印精度的基本功能系统。在控制台上可调整任一色组各墨区的墨量，以及印版的轴向和周向位置，并有相应数值显示。接通电源开关，再按下控制各色组的相关按钮，则可做以下调整：

①局部墨量调整。在控制台右下方设有控制不同色组（颜色）的按钮。首先确定需要调整的色组，按下相应按钮。在控制台左下方设有控制各墨斗键的按钮，按动其中的任何一个按钮，即可调整该色组、该墨区的供墨量，+ 为墨量增加，– 为墨量减少。按钮上方的发光二极管，可对应显示各墨区墨键和墨斗辊的间隙大小，间隙调整范围为 0 ～ 0.52mm, 每一小格代表 1μm。

②整体墨量调整。墨斗辊直接由微电机控制其转速或转动角度的大小，按钮可以调整墨斗辊转速（卷筒纸胶印机）或转动角度（一般是单张纸胶印机用）的大小，以满足整体墨量调整的要求。墨斗辊轴端的电位计将调整信号用数字显示在显示屏上。显示的数值为最大转速或转角的百分数。调整精度为最大转速或转角的 1%。

③印版位置调整按钮 2 和 3 是调整印版滚筒轴向和周向位置，保证套印精度的控制钮。按动按钮 2 和 3，可以分别遥控调整印版滚筒轴向和周向的位置，调整的数据在对应按钮上方的显示屏上显示。调整精度为 0.01mm，调整范围为 ± 2mm。

2. CPCl-02 系统

该系统是在 CPC1-01 的基础上增加了一些新功能，主要是光笔输入、盒式磁带输入式记录装置、墨膜厚度分布存储和一台小型计算机等操作控制器件。其主要特点是：

①墨量快速调整。光笔在墨膜显示屏上描画，即可快速整体或局部调整墨量，并可用光笔向存储器输入相应区域的墨膜调定值，将其记录在磁带上，准备以后预调墨色使用。

②墨量预置。使用 CPC2 印版图文阅读装置的盒式磁带，将其所记录的印版墨膜分布数据读入存储器，进行油墨预置并控制印刷机的供墨装置。

③可在印刷过程中进行下一个印件墨量预调、读入、存储。

④可将正常印刷的墨量调定值存储到盒式磁带。

3. CPC1-03 系统

该系统除了具备 CPC1-02 功能外，还能接受和处理 CPC2 印刷质量检测装置检测出的印品光密度值、显示测量值和额定标准值的偏差，并转换成调整指令，传送到印刷机上进行调整控制。

4. CPC1-04 系统

该系统是一种新型墨色及套准遥控系统，兼容 CPC1-02 和 CPC1-03 的所有功能，因此可以取而代之。其特点是：

①系统的信息显示采用与 CP-Tronic 相同的等离子显示器，而且操作和显示方式也与 CP-Tronic 类似，因而使 CPC 与 CP-Tronic 的系统联动控制更加简便。

②功能进一步丰富多样，信息以图像表示，与 CP-Tronic 窗系统相似，使印刷控制与故障诊断等操作更趋简捷，提高了工作效率。CPC1-04 系统整机套准遥控由一组单独控制键操作，程序更加合理。

③墨区遥控伺服电动机和印版滚筒套准电动机的控制有重大改进。印刷品墨量分布值一经调定，CPC1-04 系统可以同时控制 120 个墨区的电动机进行墨量调整，使整机上墨和水墨平衡所需的时间缩短 50% 以上。CPC1-04 能同时控制更多的套准用伺服电动机，从而减少换版和印刷工作准备时间。

④与印版图文测读系统 CPC31，或印刷数据管理系统 CPC51 联用，CPC1-04 系统可以对更多的印件进行墨量预调和数据存储。例如，在 CPC31 上 50 个不同印件的网点分布信息，通过磁卡，在 CPC1-04 系统上同时进行数据转换、分析和预置墨量，并分别储存起来，从而可以大大提高预置工作的可靠性和效率。

⑤后期生产的 CPC1-04 系统，还可以对胶印机的上光单元进行精确的套准控制。

（二）印品质量测量控制系统 CPC2

该系统是通过检测印张上的印刷质量控制条（信号条）来确定印品质量的一种装置。CPC2 的同步测量头，对质量控制条的全部色阶进行扫描，测定印张全幅宽所有颜色的实地和网目调光密度值，同时还可以由计算机计算出网点增大、印刷反差、模糊、重印、叠印牢度、色调偏差及灰度等特性值，并将其与预先输入的印刷质量标准值进行比较。测量值、标准值及其容差值、偏差值，可以显示在屏幕上，必要时可以打印成纸带或录成磁带。

CPC2 与 CPC1-03 连接使用，在印刷中可以通过计算机，把 CPC2 测定的光密度偏差值，转换成油墨的调定值，对机器供墨装置进行调整；还可以将 CPC2 测得的数据录成磁带，放入 CPC1-03 控制台输入装置，进行墨量预置。CPC2 装置可以同时对数台机器的印刷质量进行控制。

① CPC2-S 分光光度质量控制该系统用色度测量代替原 CPC2 的密度测量。CPC2-S 能进行光谱测量和分光光度鉴定，而且能够根据 CPC 测量条的灰色、实地、网目和重叠区，

计算出 CPC1 装置的油墨控制值。印刷前可测量样张或原稿的测量条，在印刷过程中可测量印品的印刷质量控制条，并可将从原稿所测量的六种颜色直接转为专色。它与 CPC1 结合使用指导印刷，能够最大限度地使印刷品接近样张质量。

② CPC21 印刷质量控制系统该系统利用分光光谱分析来改善过去凭人眼确定的色彩。该装置对于 PMS 和特殊内部色彩的升级极为有用。通过印品和打印样张各种数值的比较，自动计算墨色的校正值，然后对机器进行调整。

③ CPC22 印刷质量检测系统在印刷过程中对印品进行连续不断的、有规律的检测。每个印件都可以根据其印刷特性和用户要求，制定取样的频率和检测内容。按照这个频率，印刷工人有规律地取出样张，在 CPC1-04 看台上对样张进行质量检测，并由 CPC22 印刷检测系统的无绳打印机，将检测数据记录、打印，或直接打印在该样张上。通过对这一组样张的检测、数据的记录、打印，对印刷全过程的印刷质量进行控制。如果需要，印刷厂也可以向用户提供整套印刷质量控制过程的数据文件（包括所有样张）。

CPC22 系统对印张的检测频率、内容及输出格式等，均可以按用户要求在 CP-Tronic 系统中进行预设。在印数接近采样点时，指示灯会自动闪亮，提醒操作工人取样检查。样张取出后，CP-Tronic 系统便将当时的实际印刷数据，传送给 CPC22 系统记录或打印。如果需要，只要按一下按钮，便能将这些数据打印在样张的任何位置上。操作十分简便可靠，对于短版高速印刷，其优越性尤为明显。

印刷完成之后，每个印件都有一套完整的、有数据记录的样张，作为印刷质量跟踪控制的可靠依据。

④ CPC24 联机图文控制系统是在线图文控制系统。该系统能对印张进行实测，随机控制印刷品色彩，同时对印刷图像的瑕疵区域、墨皮蹭脏或套印误差等进行精确检测。

CPC24 系统用于质量要求极高的印刷品的检测。采用高分辨率的 CCD 监测扫描头，对整个印张进行数据扫描采样，由专用计算机将实测数据与预设标准值进行比较分析，将其结果显示在彩色显示屏上，而且可以显示颜色变化的趋势，提示印刷工人及时准确地采取措施纠正。

该系统的数据采样精度极高，以 70cm × 100cm 的印张为例，CPC24 系统将此区域细分成 100 万个以上的像素单元，并对其进行逐个采样检测。CPC24 系统可以很容易地监测到直径为 0.3mm 的细小印刷瑕疵，在 0.8mm × 0.8mm 的区域中也可以检查到由于墨皮蹭脏而引起的不小于 D=0.1mm 的局部密度偏差。该系统可以在每个墨区设定 16 个测量点。

当印刷机调整完成，印出满意的印张之后，CPC24 系统将对此印张的后续 16 张测量数据进行自动采集运算，得出标准值，作为以后印张图像监测和色彩控制的基准。

（三）印版图文测读系统 CPC3

CPC3 印版图文测读装置，用计算机控制的光电测量头，测定印版各墨区的油墨覆盖率（覆盖面积），并将测量值存储于盒式磁带中。CPC3 的测量值也可以打印成各种颜色和各种墨区的墨量百分率数值，或打印成以图表的方式表示单一颜色的区域墨量百分率。

CPC3 装置通常放在制版室，对曝光和涂胶后的印版进行测读（扫描）。测读前需输入测读印版尺寸。在测读过程中，测量头均采用与准备测读印版相类似的校准条进行校正。在非图像部分校准至 0%，在实地部分校准至 100%。为了排除校准条和印版之间在颜色方面的差别，采用附加的校准测量头来测量一个校准区。

此校准区也可在印版上曝光，它可以自动校正颜色上存在的任何偏差。印版的基本材料、涂层材料及涂层均匀性等印版表面质量，对测量结果有一定影响。

CPC30 是印前和印刷平台之间的接口。它包括一个用来读取印版的详细信息、计算影像信息大小的印版图文阅读仪 CPC31 和数字印前接口 CPC32。

CPC31 是印版图文阅读仪。其工作原理是：对涂胶后的印版进行光学扫描，测量印版上图文部分和空白部分的不同反射率（实地反射率为 100%）。在测量基础上，应用相关软件计算出每个墨区的油墨面积覆盖率和墨键开度、墨斗辊转角（转速）预置值。计算出的预置值，可以通过联网的数据线直接在胶印机上预置，也可以将印版油墨预置值存储于盒式磁带或光盘中，通过 CPC1 进行油墨预置。

数字印前接口 CPC32，从印版制作时就开始收集印刷所需要的信息，特别是色彩及定位的数据信息，使用的是 CIP3/PPF、CIP4/JDF 数据。

（四）套准控制系统 CPC4

CPC4 套准控制装置，是专门用于检测印张套印精度，并通过 CPC1 进行自动校正套印误差，以保证印品套印质量的装置。

1. 开环套准控制系统 CPC41

CPC41 开环套准控制系统采用离线检测装置、专门的套准标记。

CPC41 套准检测装置为便携式。把它放在印品上，检测十字线套准误差，可以检测、显示、存储轴向和周向套印偏差。检测精度为 0.01mm。它能测六种墨色套印精度，还可选择其中某色作为套印基准。

检测后，把 CPC41 检测装置放在 CPC1 控制台相应接口位置上，按动操作按钮，就可以通过红外光脉冲把测量的数值传给 CPC1。各印刷机组印版滚筒的调节伺服电动机根据测出的校正值，自动调整印版滚筒位置。

CPC41 套准检测装置除了可以对印张的纵向和横向套准进行检测之外，还可以对斜向，对角线方向的套准进行检测。当检测到对角线套准误差后，可以通过 CPC1-04 系统对印刷装置进行套准调整。

2. 闭环套准控制系统 CPC42

CPC42 闭环套准控制是一个全自动套准控制系统。主要部件为安装在印刷机最后一个印刷单元上的测量装置。在测量装置上装有两个由伺服电动机驱动的测量头。测量头的移位和定位则由 CPC1-04 控制。在印刷过程中，CPC42 的两个测量头通过光导纤维提供测量光源，对每个颜色的套准偏差进行测量，并将数据传送至 CPC1-04 系统，进行运算比较；然后再由 CPC1-04 系统对各印刷单元执行自动套准控制，对印版滚筒进行周向、横向或对角线自动调整，无须人工干预。

与 CPC42 系统配套使用的是新推出的新型印刷套准标记。这种新型标记的横向宽度仅为普通标记的一半，这样便增加了印张的有效印刷面积。

（五）CPC5 数据管理系统

CPC5 数据管理系统，把数据控制与管理、印前、印刷和印后运作联系在一起。这个复杂的印刷厂管理系统，是以数据网络为基础的。它对高效生产计划、自动机器预置，以及有效生产数据的获取等信息的变化，进行最佳化和自动化处理。其结果是加快了作业准备时间、生产进度，缩短交货期。把定单方面的信息数据与 CP-Tronic 数据控制系统相联系，通过互联网为印刷厂、销售公司、设备器材供应商之间的联系、服务提供依据。

CPC50 模块是一个服务器，用于整合 CPC32 的数据，以使其能够将控制信号传给印刷机和一些书刊装订机。CPC51 是数据控制系统。

（六）自动检测和控制系统 CP Tronic

1. 功能和控制键盘

该系统能自动监测印刷机整个运行情况，进行故障诊断和显示，并具有各种控制功能。它的核心是一组高效能的微型计算机。采用模块化处理器，与印刷机中密集的传感器、制动器和电动机网络交互作用，提供信息，传递和执行指令。中央控制台上的显示屏，可以显示预选择、运行实际值状态，以及故障诊断和维修信息指示等所有过程的信息。CP Tronic 的功能几乎包括机器的各个部分和纸张输入、传输、定位、润版、上墨、套印、输出、收页、喷粉等全部工艺过程。CP Tronic 和 CPC1 相结合，组成了全套印刷机用的全数字化监测和控制技术，实现了中央控制台对印刷机运行和印刷工艺全过程的预调、监测和自动控制。

①控制台上有四个监控层面，可根据需要的功能进行选择，并可输入与作业有关的调定值，包括机器的速度、预定的印数、水量和清洗时间等。

②实际值的显示，可使操作者及时并清楚地了解印刷过程中的实际运行状况和作业进度，必要时也可在印刷过程中进行人工调整，操作程序会自动实现有关的调定值。此时预选择功能不会受影响。

③当发生调整错误或意外故障时，例如防护板打开、纸张定位不准等，CP Tronic 的监控系统会立即向控制台发出信号，并在显示屏上准确指出故障类型、故障部位，以及发生故障的原因。

④根据显示屏上的检测项目、代码及各部件的状态，可以准确无误地确定维修部位和维修方式，以便迅速维修。

2. 输纸预设和自动换版

CP Tronic 还能控制自动更换、夹紧印版装置；自动调节纸张输纸、收纸及定位部件；自动运送和更换纸堆等。例如，Preset 预设输纸器（飞达）装 置、Autoplate 自动换版装置、Multiplate 复式换版装置、Nonstop 不停机纸堆自动更换装 置、Autopile 全自动纸张输送装置等。

（七）CPC 和 CP Tronic 的连接使用

根据使用要求，把 CPC 和 CP Tronic 适当地连接使用，可以实现印前作业准备、印刷过程控制、更换作业控制、功能与维修诊断及显示等的印刷全过程的全部自动化控制。

情境七 印刷品表面残留物质的检测

教学目标

印刷品残留物质超标会对人体的感官造成不适甚至会危害健康。残留物质依据其属性可以分为重金属、挥发性气体及多环芳烃。本情境主要针对不同的残留物质，分别介绍各种残留物的残留限量和检测方法，使学习者能够了解印刷品残留物的类型、残留限量和检测手段，在实际的应用中依据标准，结合实际情况合理选择不同的检测方法。

能力目标

1. 掌握印刷品表面残留物质的类型；
2. 了解印刷品残留物质的检测手段和检测极限。

知识目标

1. 常见的印刷品表面残留物；
2. 重金属残留物检测的原理和方法；
3. VOC 检测的原理和方法；
4. 多环芳烃检测的原理和方法。

印刷过程中需要使用纸张、油墨、胶黏剂及有机溶剂等，故而容易留下残留物。印刷品表面残留物质的检测按照其属性又可以分为两大类，无机污染物残留和有机溶剂残留。无机污染物主要指油墨中的重金属，包括铅、汞、镉、六价铬、锑、钡、硒、砷等。有机溶剂根据其挥发性可分为：挥发性有机气体（VOC）和多环芳烃（PAHs），包括来自油墨残留的甲苯、乙酸乙酯、丁酮、异丙醇、二甲苯等，胶黏剂残留的乙醇、甲醇和乙酸乙酯，上光过程残留的二苯甲酮、安息香醚类等。

一、无机污染残留物的检测

（一）重金属残留标准

重金属指相对原子量较大的金属元素，相对密度都大于 5，主要指 Pb、Zn、Ni、Sn、Co、Sb、Hg、Cd、Bi 等。印刷品中的重金属主要来源于油墨中的颜料，包括 Pb、Cd、Hg、Cr^{6+}，这几种重金属对人体有很强的毒性作用，不仅会对人体的中枢神经系统产生严重的危害，还具有致癌性及致变异性，并且重金属会在人体内不断积累，难以排出体外。

目前，国际上涉及重金属有害物质管控的环保指令主要有：①关于重金属元素总含量限制的，如欧盟于 2006 年 7 月 1 日实施的 ROHS《关于限制在电子电器设备中使用某些有害成分的指令》；②关于重金属元素迁移量限制的，如 BSEN71-3:1995《欧盟玩具安全标准——第 3 部分：某些元素的游离量》和 ASTMF 963—2007《美国标准消费者安全规范：玩具安全》等。针对油墨中的重金属残留，国内颁布的轻工业标准 QB/T 2930.1—2008《油墨中某些有害元素的限量及其测定方法第 1 部分：可溶性元素》和 QB/T 2930.2—2008《油墨中某些有害元素的限量及其测定方法第 2 部分：铅、汞、镉、六价铬》。根据这两项标准的规定，油墨中可溶性元素（锑、砷、钡、镉、铬、铅、汞、硒）的最大限量（mg/kg）如表 7-1 所示，而对于铅（Pb）、汞（Hg）、镉（Cd）、六价铬（Cr^{6+}）的总含量小于 100mg/kg。

表 7-1　油墨中可溶性重金属的最大限量　mg/kg

锑（Sb）	砷（As）	钡（Ba）	镉（Cd）	铬（Cr）	铅（Pb）	汞（Hg）	硒（Se）
60	25	1000	75	60	90	60	500

（二）重金属残留检测方法

通常认可的重金属分析方法主要有光谱法和电化学法。光谱法包括：原子吸收光谱法（AAS）、原子发射光谱法（AES）、原子荧光法（AFS）、X 荧光光谱（XRF）、电感耦合等离子体法（ICP-MS）、紫外可分光光度法（UV）等。电化学分析法应用于检测重金属主要包括伏安法、极谱法、电位分析法、电导分析法等，此外还有比色法，络合滴定法等。

1. 原子吸收光谱法技术（AAS）

原子吸收光谱法（Atomic Absorption Spectrometry），是对无机化合物进行元素定量分析的主要手段。依据待测样品蒸气相中的被测元素的基态原子对由光源发出的被测元素的特征辐射光的共振吸收，测量辐射光的减弱程度，而求出样品中被测元素的含量，AAS 仪器及原理如图 7-1 所示，样品配成溶液经过原子化系统后进行测试。此法的灵敏度高，分析速度快、仪器组成简单、操作方便，因而获得广泛的应用，特别适用于微量分析和痕量分析。

原子吸收分析过程如下：将样品制成溶液（同时做空白）；制备一系列已知浓度的分析元素的校正溶液（标样）；依次测出空白及标样的相应值；依据上述相应值绘出校正曲线；

测出未知样品的相应值；依据校正曲线及未知样品的相应值得出样品的浓度值。

现在由于计算机技术、化学计量学的发展和多种新型元器件的出现，原子吸收光谱仪的精密度、准确度和自动化程度大大提高。用微处理机控制的原子吸收光谱仪，简化了操作程序，节约了分析时间。现在已研制出气相色谱－原子吸收光谱（GC-AAS）的联用仪器，进一步拓展了原子吸收光谱法的应用领域。这种方法可以一次性测出印刷品残留物中的残留有机物和无机物。

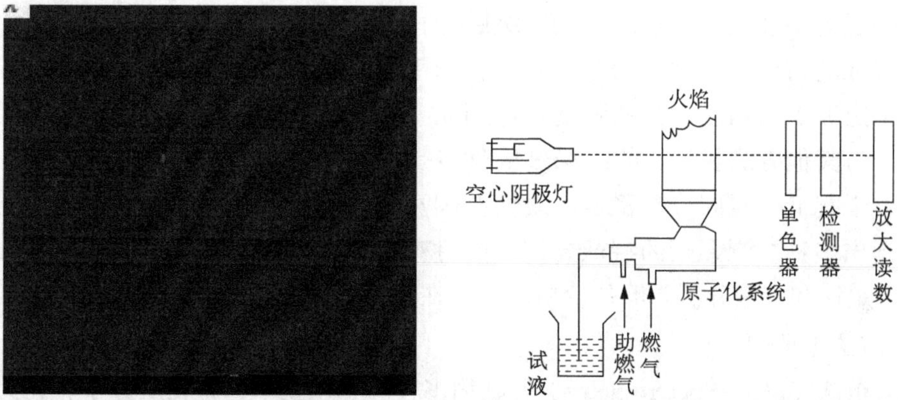

图 7-1　AAS 仪器及原理图

2. **原子发射光谱法（AES）**

原子发射光谱法（Atomic Emission Spectrometry），正常状态下，元素处于基态，在热或电激发下，由基态跃迁到激发态，返回到基态时，发射出特征光谱（线状光谱）。仪器略图如图 7-2 所示。

$$\Delta E = E_2 - E_1 = hv = hc / \lambda$$

第一激发态 E_1，第二激发态 E_2，特征电磁辐射的频率 v 和波长 λ。

这种方法所需试样量少，在鉴定贵金属元素方面具有较大的优越性，不需分离，多元素同时测定，灵敏、快捷。但 Se 和 Te 难激发，常用原子荧光法测定。

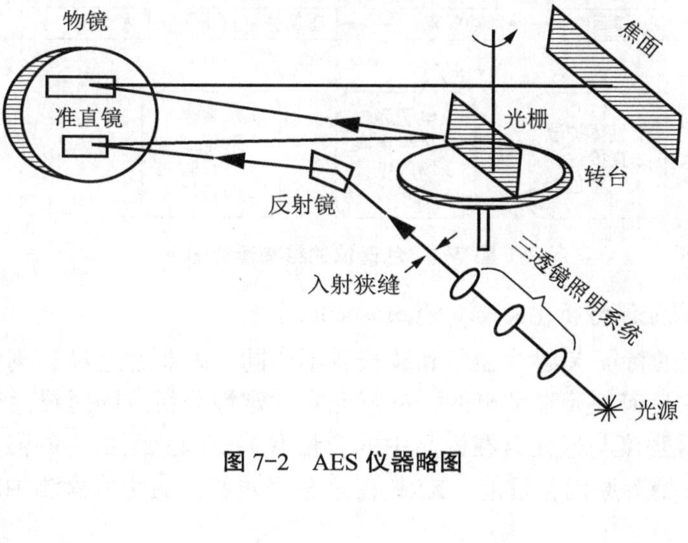

图 7-2　AES 仪器略图

3. **电感耦合等离子体发射光谱（ICP-AED）**

电感耦合等离子体光源（Inductively Coupled Plasma）是目前应用最广泛的原子发射光谱，结构如图 7-3 所示，采用 ICP 作为光源先将试样雾化，然后氩等离子体产生的高温直接将试样完全分解形成激发态的原子和离子，由于激发态的原子和离子不稳定，外层电子会从激发态向低的能级跃迁，因此发射出特征的谱线。通过光栅等分光后，利用检测器检测特定波长的强度，光的强度与待测元素浓度成正比。与其他方法相比，ICP-AES 的优点是分析速度快，干扰低，时间分布稳定，线性范围宽，能够一次读出多种被测元素的特征光谱，同时对多种元素进行定性和定量分析。但是价格昂贵，在烟草包装行业中应用比较多。

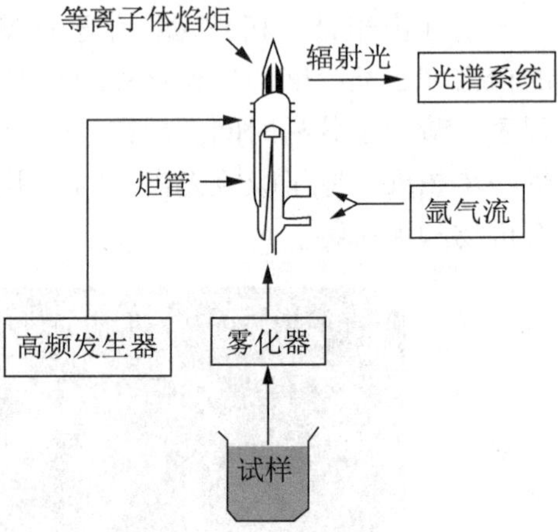

图 7-3　ICP 示意图

4. **质谱法（MS）**

质谱分析法（Mass Spectrometry）是利用多种离子化技术，将物质分子转化为离子，选择其中带正电荷的离子使其在电场或磁场的作用下，按其质荷比 m/z 的差异进行分离测定，从而进行物质成分和结构分析的方法。色谱仪的结构示意图如图 7-4 所示。等离子体质谱法（ICP-MS）的应用被认为是 20 世纪 80 年代痕量元素及同位素分析的一项重要进展。与其他方法相比，ICP-MS 检测限低，光谱干扰少，分析精密度高，分析速度快，可进行多种元素的同时测定以及可提供精确的同位素信息等分析特性。不过，该仪器成本造价很高，到目前为止，ICP-MS 的应用还仅仅局限在研究领域。

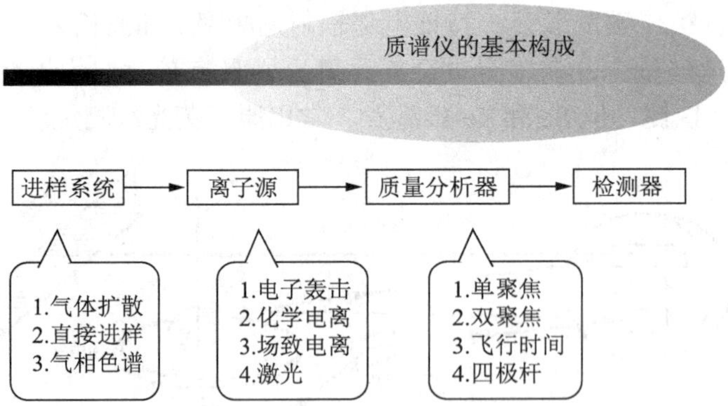

图 7-4　色谱仪的结构示意图

5. **X 射线荧光光谱分析（X Ray Fluorescence）**

不同元素发出的特征 X 射线能量和波长各不相同，因此通过对 X 射线的能量或者波长的测量即可知道它是何种元素发出的，进行元素的定性分析。同时样品受激发后发射某一元素的特征 X 射线强度与这元素在样品中的含量有关，因此测出它的强度就能进行元素的定量分析。由于便携等原因，目前，XRF 在重金属残留物的快速检测中应用较多。结构如

图 7-5 所示。

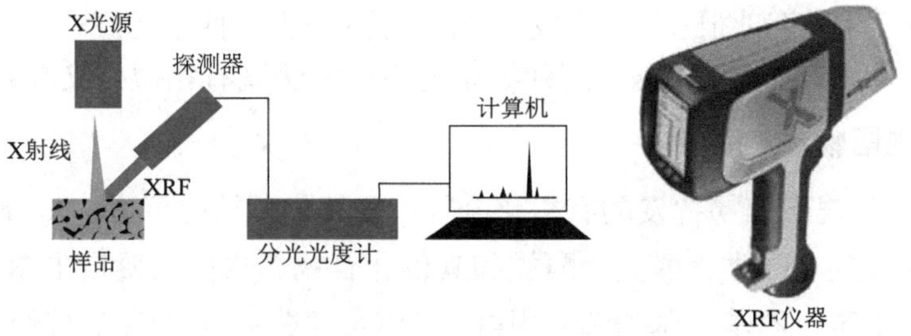

图 7-5　XRF 色谱仪的结构示意图

6. 化学法中的溶出伏安法

溶出伏安法是以表面不能更新的液体或固体电极作为工作电极，使被测组分预先富集在工作电极上，再逐步改变电极的电位（向反方向外加电压），使富集在工作电极上的物质重新溶出，根据溶出时的伏安曲线的峰高（峰面积）进行定量分析。记录所得的电流－电位曲线，称为溶出曲线，呈峰状，如图 7-6 所示，峰电流的大小与被测物质的浓度有关。以 Cu、Pb、Cd 的溶出伏安图（图 7-7）为例可以看到，不同元素的析出电位是不一样的。在溶出伏安分析的第一步会发生各种各样的电化学、化学和吸附反应使得此方法能用于测定不同浓度的多种元素和化合物，并且能得到高的选择性和低的检测限。当需要在线分析或物种分析时，溶出伏安法是最实用的方法。

此法具有以下显著的优点：①灵敏度高，检测限低；②检测范围广，包括有机和无机领域；③基底效应小；④仪器设备简单、价格低廉、便于操作；⑤分析速度快，试样用量少，可同时进行多种元素分析；⑥易于实现在线、自动化分析。

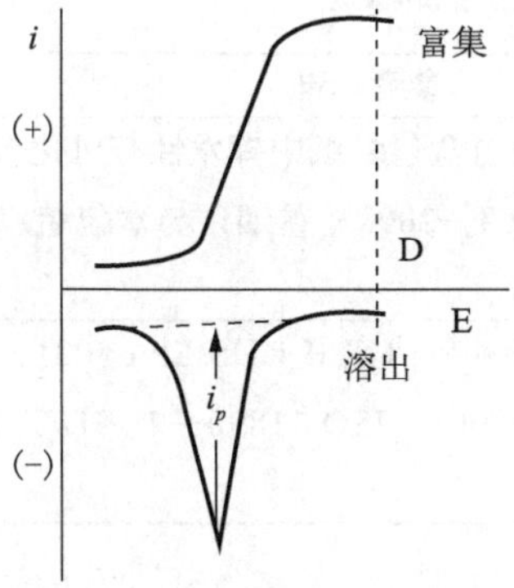

图 7-6　阳极溶出伏安法曲线

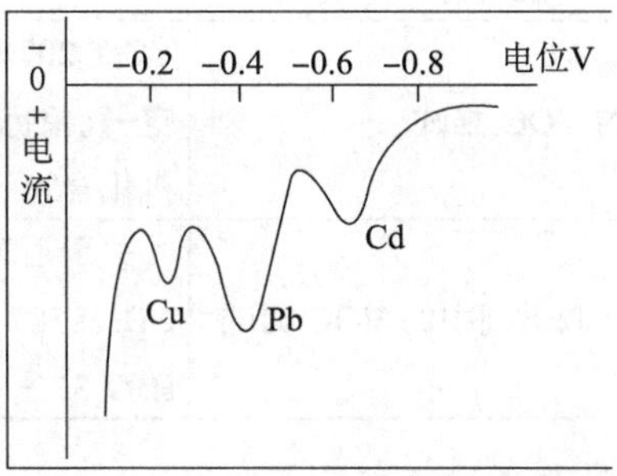

图 7-7　Cu、Pd、Cd 的溶出伏安图

在工业上检测印刷品中重金属残留的应用中，目前日本和欧盟国家有的采用电感耦合等离子质谱法（ICP-MS）分析，但对国内用户而言，仪器成本高。也有的采用 X 荧光光谱（XRF）分析，优点是无损检测，可直接分析成品，但检测精度和重复性不如光谱法。其他很多方法则多用于实验室研究。

二、有机溶剂残留物的检测

印刷品中的残留溶剂根据其挥发性可分为：挥发性有机气体（Volatile Organic Comounds, VOC）和多环芳烃 PAHs。两种物质的检测方法既有相似处又有差异性。

（一）VOC 残留物的检测

VOC 通常指在常温下容易挥发的有机化合物，按其化学结构可进一步分为 8 类：烷类、芳烃类、烯类、卤烃类、酯类、醛类、酮类和其他化合物，目前已鉴定出 300 多种。较常见的有苯、甲苯、二甲苯、乙苯、苯乙烯、甲醛、TVOC（6 ~ 16 个碳的烷烃）、酮类等。这些化合物具有易挥发和亲油等特点，在印刷业中的油墨和黏合剂中有广泛的应用。印前阶段可能包含 VOC 的化学药品包括胶浆、胶片冲洗处理，彩色打样，印版冲洗处理和凹印制版等工艺中用到的化学药品，印刷阶段用到的可能含有 VOC 的耗材包括油墨、润版液、印刷机清洗剂、上光油等。VOC 对人体健康有巨大影响，会伤害人的肝脏、肾脏、大脑和神经系统，造成记忆力减退等严重后果，甚至可能致癌。

1. 溶剂残留量的标准

国家标准：我国关于溶剂残留的标准有两个：一个是 GB / T 10004—1998《耐蒸煮复合膜袋》标准规定溶剂残留量小于等于 10mg/m^2，但未指明分别是哪种溶剂。另一个是 GB/T 10005 — 1998《双向拉伸聚丙烯（BOPP）/ 低密度聚乙烯（LDPE）复合膜、袋》标准规定溶剂残留小于等于 10mg/m^2，其中苯类小于或等于 3.0mg/m^2。这两个标准都是推荐标准，并非国家强制标准。

不同的企业对 VOC 残留也有不同的规定，如表 7-2 所示为某企业 VOC 残留物检测标准。

表 7-2　某企业 VOC 残留物检测标准

测试项目	参考标准
烟草包装中的 VOC 测试	YC/T 207—2006《卷烟条与盒包装纸中挥发性有机化合物的测定顶空-气象色谱法》；YC 263—2008《卷烟条与盒包装纸中挥发性有机化合物的限量》
油漆、油墨、胶黏剂中的 VOC 测试	《关于消耗臭氧层的蒙特利尔协定书》US EPA 5021、GB 18582—GB 18587、QB/T 2929—2008、ISO 11890—2、HJ/T 201—2005、HJ/T 371—2007 ……

2. VOC 的测试方法

（1）气相色谱法（GC）

气相色谱法（Gas Chromatography）是以气体为流动相的色谱柱分离技术。被分离物随载气流动，被测组分进入汽化室，不同物质在色谱柱中的保留时间不同而分离，然后进入检测器并被转化为不同的电信号输出，原理如图 7-8 所示。

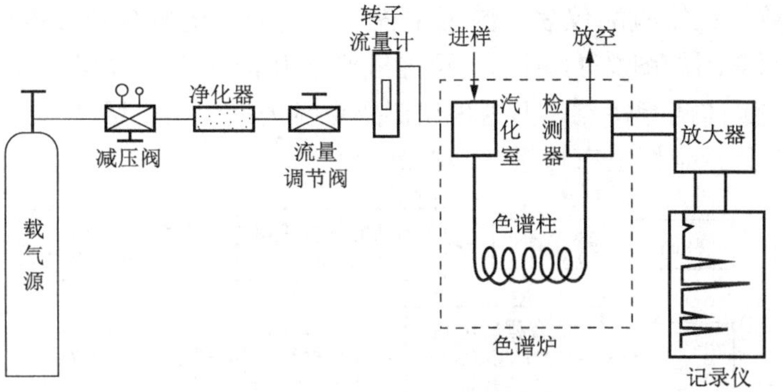

图 7-8　气相色谱仪的流程图

气相色谱法是一种很好的分离、分析方法，它具有分析速度快、分离效能好和灵敏度高等优点。但是气相色谱仪能分析在操作温度下能汽化而不分解的物质。对难挥发及热不稳定的化合物、离子型化合物及高聚物等，很难用气相色谱法分析。为解决这个问题，20 世纪 70 年代初发展了高效液相色谱。高效液相色谱（如图 7-9 所示）的基本理论和定性定量分析方法与气相色谱基本相同。但是它采用了高效色谱柱、高压泵和高灵敏度检测器。因此，高效液相色谱的分离效率、分析速度和灵敏度大大提高。

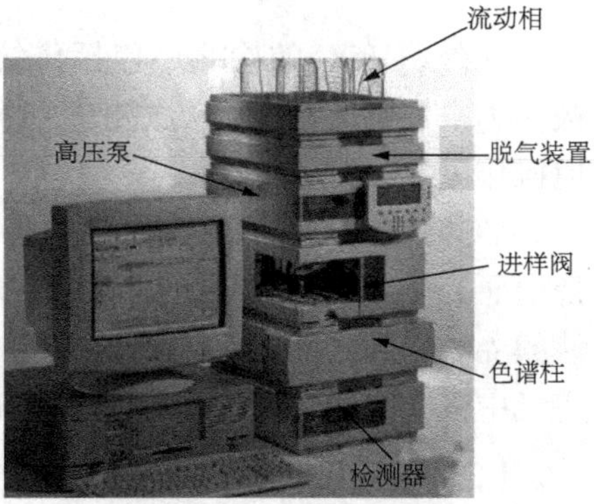

图 7-9　高效液相色谱

（2）气质联用仪器（GC-MS）

气相色谱质谱联用仪（Gas Chromatography Mass Spectrometry）是解决复杂样品全组分定性定量的有力工具，长处就在于分辨率和灵敏度都高于气相色谱仪。

气相色谱仪可以将待测样品进行分离，然后质谱仪可以精确地分析纯物质的结构与成分，定性很好，可以实现重金属和有机溶剂的全部检测，具体如图 7-10 所示。优点体现在：定性参数增加，定量精度更高；高灵敏度的通用型检测器；对多种化合物测量而不受基质干扰。

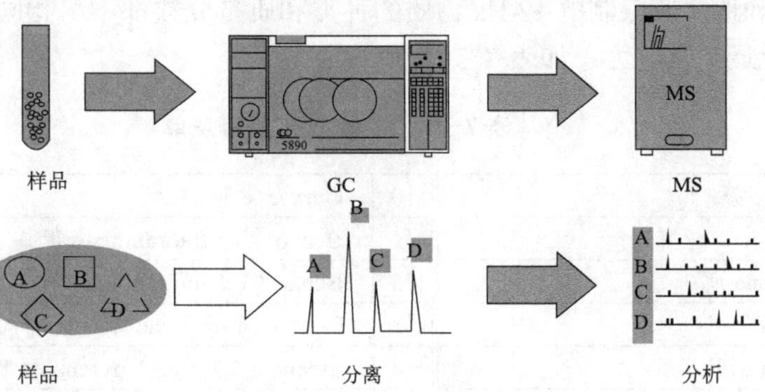

图 7-10　GC-MS 图示

（3）TVOC 在线检测系统

TVOC（Total Volatile Organic Compounds）在线检测试验舱，其主要由采样口、多功能

环境模拟测试主舱、在线检测仪表、数据编程和后台程序电脑接收 TVOC 在线监测数据等装置组成。流程示意图如图 7-11 所示。可连续测试和记录检测数据，具有速度快、测试周期短、可定性和定量监测等特点。但这种仪器要定时进行校正，温度、压力和湿度等都对检测有一定的影响，且稳定性也有待进一步提高。

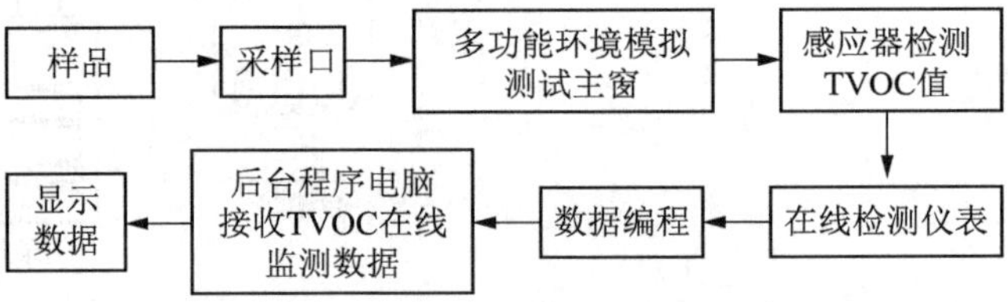

图 7-11　TVOC 在线检测流程图

此外，VOC 的检测还包括传统的分光光度法，乙酰丙酮分光光度法因其稳定、准确而被作为常用的方法。化学法测试 VOC 相对于色谱法来说，检测时间周期长，要配制多种溶液，但操作重复性高。

VOC 常规的检测方法有一定的局限性，未来其检测的发展应朝多元化的方向发展。例如，处于研究阶段的测试技术包括：基于远红外光谱技术；新型高场不对称波形离子迁移谱技术；薄膜光波导技术；激光光谱技术。这些方法的出现极大地提高了检测灵敏度和选择性，使得空气中极小量的 VOC 实时、快速和在线监测成为可能。

（二）多环芳烃残留及检测

多环芳烃（Polycyclic Aromatic Hydrocarbon，PAHs）是指具有两个或两个以上苯环的一类有机化合物，其熔点及沸点较高，蒸气压较小，大多不溶于水但易溶于苯类芳香性溶剂中，微溶于其他有机溶剂中。包括萘、蒽、菲、芘等 150 余种化合物。经 CSTEE（环境科技委员会）证实，有不少多环芳烃具有强烈的“致癌性、导致有机体突变和生殖毒性”。

1. 多环芳烃残留标准

目前，不少国家和地区都有相应的书面的法律或法令对 PAHs 物质进行明确的限制，例如德国的 GS 认证和 LFGVB 认证、欧盟的 76/769/EEC、美国的 US-EPA、我国的 GB 标准等，而各个国家和地区所限制的 PAHs 物质的种类和质量分数都不尽相同。其中，以德国的 GS 认证在国际上最具影响力，如表 7-3 所示。

表 7-3　GS 标志 -PAHs 清单

1	Naphthalene 萘	10	Chrysene 䓛
2	Acenaphthylene 苊烯	11	Benzo（b）fluoranthene 苯并（b）荧蒽
3	Acenaphthene 苊	12	Benzo（k）fluoranthene 苯并（k）荧蒽
4	Fluorene 芴	13	Benzo（a）pyrene 苯并（a）芘
5	Phenanthrene 菲	14	Indeno（1,2,3-cd）pyrene 茚苯（1,2,3-cd）芘
6	Anthracene 蒽	15	Dibenzo（a,h）anthracene 二苯并（a,n）蒽
7	Fluoranthene 荧蒽	16	Benzo（g,hi）perylene 苯并（ghi）北（二萘嵌苯）
8	Pyrene 芘	17	Benzo（e）pyrene 苯并（e）芘
9	Benzo（a）anthracene 苯并（a）蒽	18	Benzo（j）fluoranthene 苯并（j）荧蒽

2. **多环芳烃检测方法**

目前高效液相色谱和气质联用色谱是检测 PAHs 最常用的方法。

（1）高效液相色谱

高效液相色谱的原理与气相色谱相同，区别在于流动相是液相。相对于气相色谱，高效液相色谱适宜分离高沸点、热稳定性差、有生理活性及相对分子质量比较大的物质，因而可以更好地测定低挥发性的多环芳烃，并能够有效分离多环芳烃的同分异构体。

（2）气质联用仪器（GC-MS）

气相色谱质谱联用仪器则在检测有机物方面独具优势，既可实现全面检测又具有高灵敏度。对于低挥发性的多环芳烃可以实现定量和定性检测。

印刷品残留物种类很多，因而检测方法也很多。在实际的应用中，我们要根据需要，针对性地选择合适的检测手段。

随着国家对绿色印刷的重视和印刷行业的产业升级，对于印刷品残留物的相关标准也将更加细致规范。随着科研水平的提高，未来对印刷品残留物检测手段也将多样化，向更快速，更全面，更精准的检测方向发展。

附录一 印刷品质量检测指标

一、凸版装潢印刷品印刷质量国家检测标准

GB 7706—2008《凸版装黄印刷品》标准适用于凸版印刷（柔性版印刷除外）工艺生产的纸质和塑料薄膜装潢印刷品，其检测指标见附表 -1 至附表 -6 所示。

附表 -1　裁切成品规格尺寸偏差　　mm

裁切成品规格	尺寸极限偏差	
	精细产品	一般产品
390 × 543 及以下	± 0.5	± 1.0
390 × 543 以上	± 1.0	± 1.5

附表 -2　模切成品规格尺寸偏差　　mm

模切成品规格	尺寸极限偏差			
	精细产品		一般产品	
	纸类	膜类	纸类	膜类
135 × 195 及以下	± 0.4	± 0.5	± 0.5	± 0.6
135 × 195 以上	± 0.6	± 0.8	± 0.7	± 1.0

附表 -3　有对称要求的成品图案位置偏差　　mm

成品规格	对称图案允许偏差	
	精细产品	一般产品
135 × 195 及以下	± 0.4	± 0.5
135 × 195 以上	± 0.8	± 1.0

附表 -4　套印误差　　mm

套印部位	套印允许误差	
	精细产品	一般产品
主要部位	≤ 0.15	≤ 0.25
次要部位	≤ 0.25	≤ 0.30

附表 -5 实地印刷要求

指标名称	单位	符号	指标值			
			精细产品		一般产品	
同色密度偏差		D_s	≤ 0.05		≤ 0.07	
同批同色色差	CIE$L^*a^*b^*$	ΔE^*_{ab}	L^*>50.00	L^* ≤ 50.00	L^*>50.00	L^* ≤ 50.00
			≤ 5.00	≤ 4.00	≤ 6.00	≤ 5.00
墨层光泽度[a]	%	G_s(60°)	≥ 32		—	
墨层耐磨度	%	A_s	≥ 70			
墨层结合牢度[b]	%	A	≥ 85			

注：①[a] 无光泽度要求的产品可取消此项指标。

②[b] 墨层结合牢度是指墨层与薄膜平面之间的结合牢度，无此项要求的产品可取消此项指示。

附表 -6 印面外观

	成品	文字	网点	印刷主要部位	印刷色相
精细产品	整洁，无刮痕、污渍、残缺	清晰完整，无残缺变形	清晰均匀，无残缺	不能存在条痕、重影。不能有肉眼可见的污渍点	应符合付印样要求
一般产品	整洁，无明显刮痕、污渍、残缺	较清晰完整，无明显残缺变形	较清晰完整，无明显残缺	不能存在条痕、重影，不能有直径 >0.4mm 的污渍点，直径 ≤ 0.4mm 的污点不能超过 3 处	应基本符合付印样要求

二、平版装潢印刷品印刷质量国家检测标准

GB 7705—2008《平版装潢印刷品》印刷质量国家检测标准，见附表 -7 至附表 -12 所示。

附表 -7 裁切成品规格尺寸偏差 mm

裁切成品规格	尺寸极限偏差	
	精细产品	一般产品
390 × 543 及以下	± 0.5	± 1.0
390 × 543 以上	± 1.0	± 1.5

附表 -8 有对称要求的成品图案位置偏差 mm

成品规格	对称图案位置极限偏差	
	精细产品	一般产品
135 × 195 及以下	± 0.4	± 0.5
135 × 195 以上	± 0.8	± 1.0

附表 -9　套印误差　　mm

套印部位	套印允许误差	
	精细产品	一般产品
主要部位	≤ 0.10	≤ 0.20
次要部位	≤ 0.20	≤ 0.25

附表 -10　实地印刷要求

项目名称	单位	符号	指标值			
			精细产品		一般产品	
同色密度偏差		D_S	≤ 0.05		≤ 0.07	
同批同色色差	CIE $L^*a^*b^*$	ΔE^*_{ab}	$L^*>50.00$	$L^* \leq 50.00$	$L^*>50.00$	$L^* \leq 50.00$
			≤ 4.00	≤ 3. 00	≤ 6. 00	≤ 5. 00
墨层光泽度[a]	%	G_s（60°）	≥ 30		—	
墨层耐磨性[b]	%	A_s	≥ 40			

注：① a. 无光泽度要求的产品可取消此项目。

② b. 无耐磨性要求的产品可取消此项目。

附表 -11　网点印刷要求

指标名称	指标值	
	精细产品	一般产品
50% 网点增大值	≤ 15%	≤ 20%
亮调网点再现百分率	≤ 3%	≤ 5%

附表 -12　印面外观

	成品	主要部位	次要部位	文字印刷	印面	图像	印刷色相
精细产品	整洁，无刮痕、污渍、残缺	不能有直径 >0.3mm 的墨皮、纸毛等脏污，直径≤ 0.3mm 的墨皮、纸毛等脏污，不能超过 2 处	不能有直径 >1mm 的墨皮、纸毛等脏污，直径≤ 1mm 的墨皮、纸毛等脏污，不能超过 3 处	清晰完整	不应存在划伤和条痕	清晰、层次清楚、网点应清晰均匀无变形和残缺	应符合付印样要求
一般产品	整洁	不能有直径 >1.5mm 的墨皮、纸毛等脏污，直径≤ 1.5mm 的墨皮、纸毛等脏污，不能超过 2 处	不能有直径 >2mm 的墨皮、纸毛等脏污，直径≤ 2mm 的墨皮、纸毛等脏污，不能超过 5 处	基本清晰完整	不应存在明显条痕	网点较清晰均匀，应无明显残缺和花糊版	应基本符合付印样要求

三、凹版装潢印刷品印刷质量国家检测标准

GB 7707—2008《凹版装潢印刷品》印刷质量国家检测标准，见附表 -13 至附表 -15。

附表 -13　套印误差　　mm

承印材质	套印部位	套印允许误差
双向拉伸类薄膜	主要部位	≤ 0.20
	次要部位	≤ 0.35
非双向拉伸类薄膜	主要部位	≤ 0.30
	次要部位	≤ 0.60

附表 -14　实地印刷要求　　mm

项目名称	单位	符号	指标值	
同色密度偏差		D_s	≤ 0.06	
同批同色色差	CIE $L^*a^*b^*$	ΔE_{ab}^*	L^*>50.00	L^* ≤ 50.00
			≤ 5.00	≤ 4.00
墨层光泽度 [a]	%	G_s(60°)	≥ 35	
墨层结合牢度 [b]	%	A	≥ 95	

注：① [a] 仅指表印产品。无光泽度要求的产品可取消此项指标。

② [b] 公指墨层与薄膜表面之间的结合牢度。其指标值为除金、银墨外的墨层与薄膜表面之间的结合牢度指标值。

附表 -15　印面外观

	成品	文字	实地印刷	印刷层次	网点	印刷色相
产品	整洁，无明显油墨污渍、残缺、刀丝等	清晰完整、无残缺变形，小于 7.5P（6 号）的字应不影响认读	印迹边缘应光洁、墨色均匀，无明显水纹状	过渡应平稳、无明显阶调跳跃	清晰均匀、无明显变形和残缺	符合付印样要求

四、平版印刷环境标志产品技术要求（部分）

（一）平版印刷产品生产过程中禁止使用或人为添加附表 -16 中所列的有毒有害物质

附表 -16　平版印刷产品生产过程中禁止人为添加的有毒有害物质

禁用种类	禁用物质
元素及其化合物	铅 (pb)、镉 (Cd)、汞 (Hg)、硒 (Se)、砷 (As)、锑 (Sb)、六价铬 (Cr^{6+}) 等元素及其化合物

（二）平版印刷产品及其生产过程中有害物质排放应限量满足附表 -17 要求

附表 -17　平版印刷产品生产中有害物质排放限量要求

控制指标		单位 mg/kg	限量要求				
			印前	单张纸平印	热固型卷筒纸平印	冷固型卷筒纸平印	印后加工
可迁移元素最大限量 <100 ppm	锑		60	60	60	60	60
	砷		25	25	25	25	25
	钡		1000	1000	1000	1000	1000
	镉		75	75	75	75	75
	铬		60	60	60	60	60
	铅		90	90	90	90	90
	汞		60	60	60	60	60
	硒		500	500	500	500	500
总挥发性有机化合物 (TVOC) 含量 (8h 均值)		mg/m^3	< 0.60	<0.60	<0.60	<0.60	<0.60
苯类溶剂含量 (1h 均值)		mg/m^3	0.10~0.20	0.10~0.20	0.10~0.20	0.10~0.20	0.10~0.20

（三）平版印刷产品生产过程中污染物排放限量应满足附表 -18 要求

附表 -18　平版印刷产品生产过程中污水排放限量要求

序号	污染物	适用范围					最高允许排放浓度 mg/L
		印前	单张纸平印	热固型卷筒纸平印	冷固型卷筒纸平印	印后加工	
1	总汞						0.05
2	总镉						0.1
3	总铬						1.5
4	六价铬						0.5
5	总铅						1.0
6	总砷						0.5
7	总银						0.5
8	pH						6~9
9	悬浮物 (SS)						400
10	五日生化需氧量						300
11	化学需氧量						500
12	石油类						20

续表

序号	污染物	适用范围					最高允许排放浓度 mg/L
		印前	单张纸平印	热固型卷筒纸平印	冷固型卷筒纸平印	印后加工	
13	硫化物						1.0
14	甲醛						5.0
15	阴离子表面活性剂(LAS)						20
16	总铜						2.0
17	总锌						5.0
18	显影剂						5.0
19	显影剂及氧化物总量						6.0
20	苯						0.5
21	甲苯						0.5
22	乙苯						1.0
23	乙醇						1.0
24	二甲苯						1.0
25	苯酚						1.0

（四）平版印刷生产过程中大气污染物排放限量应满足附表 -19 要求

附表 -19　平版印刷产品生产过程中大气污染物排放限量

序号	污染物	适用范围					无组织排放监控浓度限量浓度 mg/m^3
		印前	单张纸平印	热固型卷筒纸平印	冷固型卷筒纸平印	印后加工	
1	颗粒物						5.0
2	铅及其化合物						0.0075
3	汞及其化合物						0.0015
4	镉及其化合物						0.005
5	苯						0.50
6	甲苯						0.30
7	二甲苯						1.5
8	酚类						0.10
9	甲醛						0.25
10	甲醇						15
11	乙醇						15

续表

序号	污染物	适用范围					无组织排放监控浓度限量浓度 mg/m³
		印前	单张纸平印	热固型卷筒纸平印	冷固型卷筒纸平印	印后加工	
12	苯胺类						0.50
13	氯苯类						0.50
14	硝基苯类						0.050
15	氯乙烯						0.75

（五）对平版印刷产品生产过程中使用的原材料应符合附表 -20 要求

附表 -20　对平版印刷产品生产过程中使用的原材料要求

原材料种类	环境标志产品技术要求	适用范围
承印物（纸张）	采用环保要求的纸张，如来自可控森林的纸张或FSC、PEFC 纸张	单张纸和卷筒纸平印
胶印（平印）油墨	HJ/ T 370—2007 胶印油墨	单张纸和卷筒纸平印
溶剂基上光油	控制 VOC 排放限量	单张纸平印
UV 上光油	控制 VOC 排放限量，挥发气体高空排放	单张纸平印
水基上光油	提倡使用	单张纸平印
印版	可回收再生使用	印前
制版胶片	逐步减少使用，采用 CTP 制版技术废除传统的胶片。废胶片由专业公司回收处理	印前
印版显影液	废显影液需经回收处理后排放	印前
胶片定影液	废定影液集中收集，由专业公司回收其中的银	印前
胶纸带	采用新工艺，减少使用胶纸带，废胶带集中回收处理	印前
橡皮布	优化橡皮布保养，延长使用寿命。大机器换下的橡皮布可在单色机上或小尺寸机上再利用	单张纸和卷筒纸平印
润湿液	采用无醇或少醇的润湿液添加剂	单张纸和卷筒纸平印
异丙醇	控制少量使用，应采用代用品	单张纸和卷筒纸平印
PS 版洁版膏	控制 VOC 排放限量	单张纸和卷筒纸平印
清洗液（洗车水）	控制 VOC 排放限量	单张纸和卷筒纸平印
油墨防干剂（气雾罐）	控制 VOC 排放限量	单张纸和卷筒纸平印
喷粉	采用静电喷粉器，减少粉尘飞扬。安装喷粉吸收装置，收集粉尘	单张纸平印
汽油	应采用环保清洗剂（洗车水）替代汽油	单张纸和卷筒纸平印
煤油	应采用环保清洗剂（洗车水）替代煤油	单张纸和卷筒纸平印

续表

原材料种类	环境标志产品技术要求	适用范围
润滑（脂）油	杜绝印刷机漏油，废润滑油集中收集交专业公司回收再利用	单张纸和卷筒纸平印、印后
EVA 型热熔胶	控制 VOC 排放限量	印后加工
PUR（聚氨酯）型热熔胶	鼓励使用新型环保热熔胶	印后加工
白乳胶 VAE（醋酸乙烯-乙烯共聚乳液）	HBC 18—2003	印后加工
EVA 型预涂膜	鼓励使用预涂膜	印后加工
即涂膜	控制和减少使用	印后加工
黏合剂	CY 42—2007 见 4.2.1 和 4.2.2 要求	印后加工
装帧材料	选用环保型材料	印后加工

1. 对平版印刷产品的承印物（纸张）的要求

平版印刷使用的各种承印物（纸张）必须符合国家和行业标准的质量和环境保护要求。为了使供阅读的纸质平版印刷产品（如书刊、教材、中小学教科书和少幼读物等）不伤害读者视力，供平版印刷的纸张白度不应大于 85%。教科书和少幼读物印刷用纸白度不应大于 75% ~ 80%。

2. 对平版印刷产品使用的油墨要求

平版印刷产品使用的油墨应符合 HJ/T 370—2007《环境标志产品技术要求 胶印油墨》的规定。

3. 对平版印刷产品使用上光油的要求

提倡平版印刷产品上光尽量使用水基上光油。若使用溶剂基光油应严格控制其挥发性有机化合物 (VOC) 的排放量。

4. 对平版印刷使用的橡皮布的要求

平版印刷使用的橡皮布质量和环境保护要求应符合国家和行业标准，其有害物质排放应达到环境标志产品技术要求。为减少废橡皮布，大尺寸印刷机换下来的橡皮布应回收给单色机或小尺寸机器使用。

5. 对平印制版使用的感光胶片和 PS 印版的要求

感光胶片和 PS 印版的质量和环境保护要求应符合国家和行业标准，其有害物质排放应达到环境标志产品技术要求。

6. 对平印制版用的显影液和定影液的要求

显影和定影液均属于有毒有害液体，其污水排放量按 GB 8978—1996 国家标准规定为 6.0 mg/L。按照技术进步原则，鼓励印前制版采用计算机直接在印版上成像和免化学处理的 CTP 印版新技术，摒弃传统的胶片介质和显影、定影液。减少或消除显影和定影液的有害物质排放。

7. **对平版印刷用的酒精润湿液、清洗剂(洗车水)、油墨防干喷雾剂等辅助材料的要求**

鼓励使用无醇或少醇润湿液。对含有挥发性有机化合物的清洗剂和油墨防干喷雾剂等辅助材料严格限制 VOC 排放量。

8. **对印后加工(含书刊装订)使用胶黏剂的要求**

书刊装订用胶黏剂质量应符合行业标准 CY/T 40—2007《书刊装订用 EVA 型热熔胶使用要求及检测方法》的要求，其有害物质排放应达到环境标志产品技术要求。为了减少有害物质排放，鼓励使用无污染的新型聚氨酯 (PUR) 热熔胶。

9. **对平版印刷产品覆膜材料的要求**

原则上应使用预涂薄膜，使用即涂薄膜时，应使用水性覆膜黏合剂。不得使用 PVC 薄膜。覆膜使用的黏合剂应符合 CY 42—2007《纸质印刷品覆膜过程控制及检测方法》标准中 4.2、4.2.1 和 4.2.2 黏合剂要求以及 HBC 18—2003《环境标志产品技术要求 黏合剂》的要求。

10. **对平版印刷品在印刷过程中喷粉的要求**

为防止平版印刷品背面粘脏，在印刷机收纸部位需进行喷粉。因溢出印刷机外的残粉会污染工作环境，印刷工吸入后，将有害身体健康。应采用喷粉吸收装置，将残粉收集于容器内。集尘效率应达到 70%~80%。

(六)平版印刷产品生产使用过程中对资源能源利用的要求

平版印刷产品生产使用过程中对资源能源利用要求见附表 -21、附表 -22 所示。

附表 -21 平版印刷产品生产过程中资源能源利用要求

<table>
<tr><th colspan="2">项 目</th><th>单 位</th><th>控制指标</th><th>利用率</th></tr>
<tr><td colspan="2">单位产量综合能耗</td><td>tce / t</td><td>0.066</td><td></td></tr>
<tr><td colspan="2">单位印刷品总合能耗</td><td>tce /t</td><td>0.247</td><td></td></tr>
<tr><td colspan="2">单位产量电耗</td><td>kWh/ t</td><td>445.72</td><td></td></tr>
<tr><td colspan="2">单位产量水耗</td><td>t/ t</td><td>7.11</td><td></td></tr>
<tr><td colspan="2">印刷纸张利用率</td><td>%</td><td></td><td>99.30</td></tr>
<tr><td colspan="2">单位产量废弃物</td><td>t / t</td><td>0.245</td><td></td></tr>
<tr><td colspan="2">单位印刷品废弃物产生量</td><td>t / t</td><td>0.0120</td><td></td></tr>
<tr><td colspan="2">固体废弃物回收率</td><td>%</td><td>100</td><td></td></tr>
<tr><td colspan="2">废胶黏剂回收率</td><td>%</td><td>100</td><td></td></tr>
<tr><td colspan="2">废油墨回收率</td><td>%</td><td>100</td><td></td></tr>
<tr><td rowspan="5">废水</td><td>项目</td><td>排放限量</td><td></td><td></td></tr>
<tr><td>pH 值</td><td>6~9</td><td></td><td></td></tr>
<tr><td>色度</td><td>≤ 50</td><td></td><td></td></tr>
<tr><td>COD_{cr}</td><td>≤ 100</td><td></td><td></td></tr>
<tr><td>BOD_5</td><td>≤ 20</td><td></td><td></td></tr>
<tr><td rowspan="2">噪声</td><td>昼间</td><td>60 dB (A)</td><td></td><td></td></tr>
<tr><td>夜间</td><td>50 dB (A)</td><td></td><td></td></tr>
</table>

附表 -22 平版印刷产品生产使用过程中对原材料消耗、废物利用率、印刷过程中耗电量的要求

指标	工序	要 求
资源节约	印前	①鼓励印前采用 CTP 系统和数字化工作流程，根据印刷产品内容，优化版面设计，为印刷节约纸张创造条件； ② 为了节省油墨，在印前制版时，可采用网目调叠色取代实地版印刷； ③使用新的工作流程软件，减少印版出错率和废版率； ④ 提倡采用屏幕软打样或数码打样，淘汰传统的机器模拟打样，节约资源
	单张纸平印	①调节好印刷机，降低纸张和油墨等消耗。在批量印刷生产中，减少纸张加放量和控制废品率。根据不同种类的纸张，加放量应控制在千分之几以内； ②合理计划批量印刷用墨量，减少剩余油墨量。提倡采用中央供墨系统，节省金属油墨罐 (桶) 废弃物； ③加强对橡皮布的保养，延长橡皮布使用寿命。在正常印刷生产中每块橡皮布印量应达到百万印以上
	卷筒纸平印	①调节好印刷机，降低纸张和油墨等消耗。在批量印刷生产中，减少纸张加放量和控制废品率。根据不同种类的纸张，加放量应控制在千分之几以内； ②优化卷筒纸物流管理，正确运送和装载纸卷，减少纸卷破损率； ③优化调节和控制纸带张力，减少断纸次数。控制卷筒纸废纸率每卷纸小于几十 m； ④合理计划批量印刷用墨量，减少剩余油墨量。提倡采用中央供墨系统，节省金属油墨罐 (桶) 废弃物； ⑤加强对橡皮布的保养，延长橡皮布使用寿命。在正常印刷生产中每块橡皮布印量应达到百万印以上
	印后加工	① 平印产品应使用预涂薄膜覆膜，禁用 PVC 薄膜； ② 应使用水性覆膜黏合剂； ③使用溶剂基黏合剂应符合 CY 42 行业标准中 4.2、4.2.1 和 4.2.2 对黏合剂的要求； ④优化设计烫箔工艺，提高电化铝箔的利用率，减少废料； ⑤优化模切刀板，充分利用产品上多余的空间，减少废纸产生； ⑥提倡书籍装订使用环保型聚氨酯 (PUR) 热熔胶黏剂； ⑦使用 EVA 型热熔胶应符合 CY/T 40 行业标准要求
节能	印前	① 印前作业在非生产时，应将电脑和 CTP 系统关闭，置于休眠状态； ② 采用节能照明灯具，用 T5 节能灯管代替 T8 灯管，可节能约 20%； ③ 印前制版冲洗胶片和印版应使用净化过滤的循环水
	单张纸平印	① 淘汰高能耗设备，降低能耗； ② 杜绝印刷机长时间无效空转； ③ 缩短装卸印版和调节墨色时间，减少机器无效运转； ④ 根据印刷机尺寸和色组配置不同，规定每吨纸的能耗 (tec /t)

续表

指标	工序	要　　求
节能	热固型卷筒纸平印	① 杜绝卷筒纸印刷机长时间空转； ② 缩短装卸印版、调节墨色、折页机组以及装纸卷和穿纸等准备时间； ③ 根据卷筒纸平印机的幅面尺寸、机组和折页机组的不同配置，规定每吨纸的能耗 (tec/t)； ④ 优化调节烘干装置，降低印刷油墨干燥线的电能或热能耗； ⑤ 利用烘干装置的废烟气余热，加装二次燃烧装置，减少烘干燃气产生的苯酚类有害气体排放
	冷固型卷筒纸平印	① 杜绝卷筒纸平印机长时间空转； ② 缩短装卸印版、调节墨色、折页机组以及装纸卷和穿纸等准备时间； ③ 根据卷筒纸平印机的幅面尺寸、机组和折页机组的不同配置，规定每吨纸印刷的能耗 (tec/t)
	印后加工	① 为了节能和提高印后加工设备的利用率，根据加工产品的批量大小，合理使用单机或联动生产线； ② 提倡单机和联动生产线混合使用； ③ 严格控制胶粘装订机的胶锅预热时间，降低能耗
回收再利用	印前	① 印前制版用感光胶片不可随意处理，应集中收集由专业部门回收； ② 胶片显影液和定影液不得随意向市政污水管道排放，应单独收集和存放，由专业部门回收；定影液回收可提取纯银； ③ 打样用过的 PS 版应由专业部门回收再生； ④ PS 版和 CTP 印版包装中版材之间的隔离纸不可作为废纸处理，应集中收集和再利用； ⑤ 打印机硒鼓报废，可更换鼓芯代替硒鼓
	单张纸平版印刷	① 印刷用过的 PS 版应清洗干净，由专业部门回收再生；不可再生的 PS 版，应作为废金属回收处理； ② 平印机清洗油墨的废液和擦布应集中收集，作为危险废物按规定处理； ③ 印刷用的过版废页和油污的废纸应分开收集存放，由废品收购商回收再生； ④ 印刷用过的剩余油墨和墨盒、墨桶应集中收集存放，回收再利用； ⑤ 印刷机的废机油应由专业部门回收再利用
回收再利用	卷筒纸平版印刷	① 印完的 PS 版应清洗干净，由专业部门回收再生；废版应作为废金属回收处理； ② 清洗油墨的废液和擦布应集中收集，作为危险易燃物按规定处理； ③ 印刷过程中产生的废纸应妥善收集存放，由废纸收购商回收再生； ④ 用过的剩墨和墨盒、墨桶应集中存放回收再利用； ⑤ 废机油应由专业部门回收再利用； ⑥ 卷筒纸剩余纸尾应妥善收存和回收再利用； ⑦ 卷筒纸外包装纸皮和表层残破纸应妥善收存，由专业部门回收再生
	印后加工	① 印后加工各工序产生的废纸边、纸毛应收集打捆，由专业部门回收再生； ② 模切废边和电化铝废料应收集打捆，由专业部门回收再生； ③ 装订用胶粘剂的残余胶料应集中收集，回收再利用； ④ 装订用无纺布、人造革、纱布等下脚料应集中收集，回收处理

（七）YC 263—2008《卷烟条与盒包装纸中挥发性有机化合物的限量》（部分）

卷烟条与盒包装纸中挥发性有机化合物的限量如附表 -23 所示。

附表 -23 卷烟条与盒包装纸中挥发性有机化合物的限量

类型	化合物名称	分子式	指 标（单位：mg/m²）
挥发性有机物	苯	C_6H_6	0.01
	乙醇	C_2H_6O	50.0
	异丙醇	C_3H_8O	5.0
	丙酮	C_3H_6O	1.0
	丁酮	C_4H_8O	0.5
	乙酸乙酯	$C_4H_8O_2$	10.0
	乙酸异丙酯	$C_5H_{10}O_2$	5.0
	正丁醇	$C_4H_{10}O$	2.5
	丙二醇甲醚	$C_4H_{10}O_2$	60.0
	乙酸正丙酯	$C_5H_{10}O_2$	50.0
	4- 甲基 -2- 戊酮	$C_6H_{12}O$	1.0
	甲苯	C_7H_8	0.5
	乙酸正丁酯	$C_6H_{12}O_2$	5.0
	乙苯	C_8H_{10}	0.25
	二甲苯	C_8H_{10}	0.25
	环已酮	$C_6H_{10}O$	1.0

附录二 爱色丽 exact™ 用户界面

包括触摸屏的基本使用、图标定义、安装向导程序和检测技术。

1. 打开工具

仪器有三个主菜单屏幕。最左侧的用于设置和诊断工具，另外两个用于检测工具。

轻触屏幕菜单上的图标，打开相应的工具。例如，轻触密度仪图标 。轻触图标时，图标周围将出现蓝光。轻触屏幕右上角的首页图标 ，可返回主菜单。如附图 -1 所示。

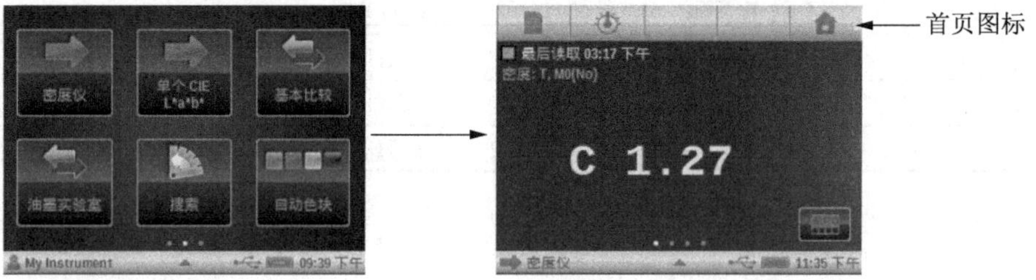

附图 -1　软件主菜单

2. 查看菜单

用手指向右或向左滑动屏幕可切换主菜单屏幕。通过屏幕底部中心的圆点可了解当前处于哪个主菜单屏幕。左点亮起表明目前在左侧的主菜单；中心点亮起表示在中心屏幕；右点亮起表示在右侧主菜单屏幕。如附图 -2 所示。

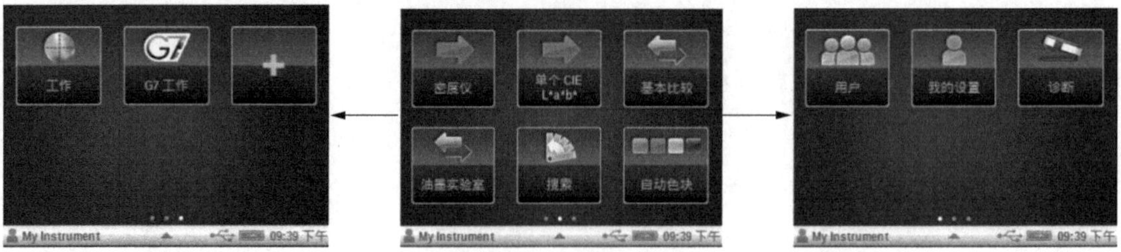

附图 -2　查看主菜单

3. 查看功能

圆点还在各种检测工具屏幕上显示，以显示特定工具激活功能的数目。下面的例子中，基本工具激活了四个功能。跟在主菜单时一样，可以滑动屏幕切换到其他可用的功能屏幕。如附图 -3 所示。

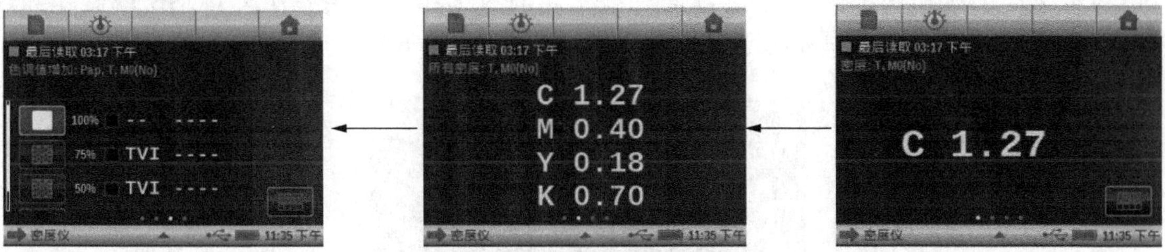

附图 -3　查看功能

4. 访问当前选项

用位于屏幕底部状态栏的三角图标访问选定用户或选定工具的仪器设置。在主菜单层级，轻触三角图标即显示仪器设置。在工具屏幕轻触三角图标，将为用户显示工具设置和仪器设置。要返回上一屏幕，轻触屏幕上方状态栏中的三角形。如附图 -4 所示。

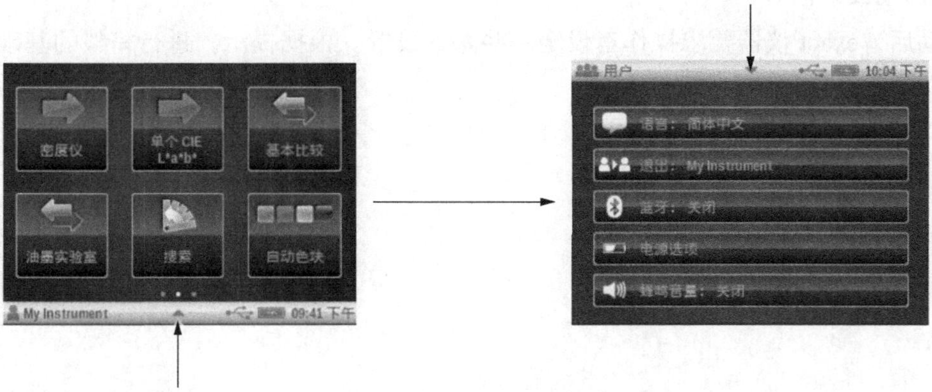

附图 -4　查看当前选项

5. 命名屏幕

当可以更改一个工具或用户名时，将出现命名屏幕。轻触退格箭头按钮 (←) 可一次删除一个字符，或轻触清除（CLEAR）按钮可删除整个名称。轻触 123 按钮可进入数字屏幕。输入新的名称后，轻触确定按钮保存并退出。如附图 -5 所示。

附图 -5　命名屏幕

6. 主检测屏幕

主检测屏幕包括四个主要要素：导航栏图标（1），使用屏幕上方的图标访问可能出现检测或选择的屏幕。利用菜单工具，轻触图标即可打开相应屏幕。数据和选项区域（2），此区域显示检测模拟色块、检测数据和当前选择工具的选项选择。数据和选项根据工具、设置或分析而有所不同。检测屏幕图标（3），用屏幕右侧的图标更改数据视图或进行进一步设置。这些图标的颜色随着正在使用的工具而变化。这有助于快速识别目前正使用什么工具。品红色表示基本工具，橙色表示比较工具，绿色表示搜索工具，青色表示工作工具和状态栏（4），状态栏显示当前所选功能、连接方式（USB 或蓝牙）、电池电量等。底部的三角图标用于进入设置屏幕。如附图 -6 所示。

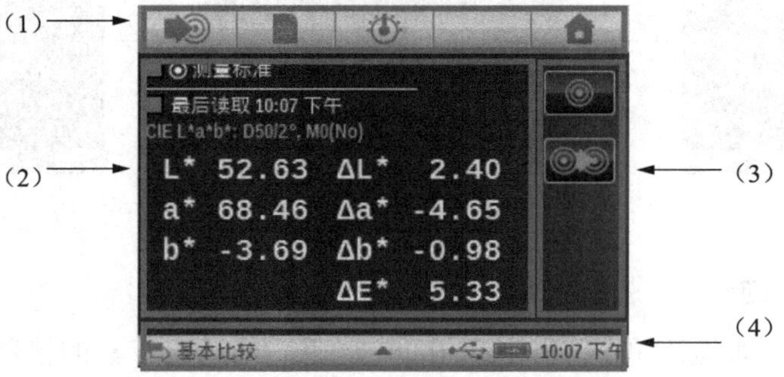

附图 -6　主检测屏幕

7. **启动安装向导**

启动后，exact 仪器要求操作者设定一些基本设置。根据提示，进行完整的基础设置。

附录三 爱色丽 exact™ 其他工具选项

1. **新增工具**

新增工具用于把新的检测工具添加至当前的菜单。随后，新的工具可根据需要进行配置。主菜单屏幕二和三上最多可显示六个工具。主菜单屏幕一上不能添加任何检测工具。

2. **创建工具**

已创建的工具将具有默认功能以及由工具类型界定的名称。将使用当前用户配置文件设置的默认设置进行设置。步骤如下：

①选择希望添加工具的菜单屏幕。

②轻触“添加工具”图标，进入“新增工具”屏幕，如附图 -7 所示。

③轻触希望添加至主菜单屏幕的工具图标。

④根据需要配置工具。

按住主菜单上的工具，直到出现工具设置屏幕，如附图 -8 所示。

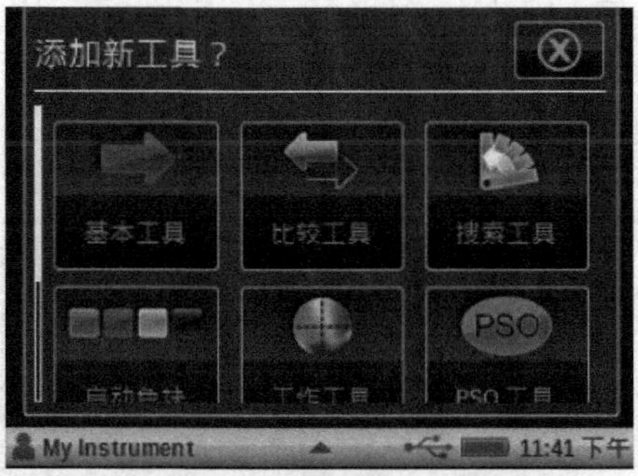

附图 -7 添加工具

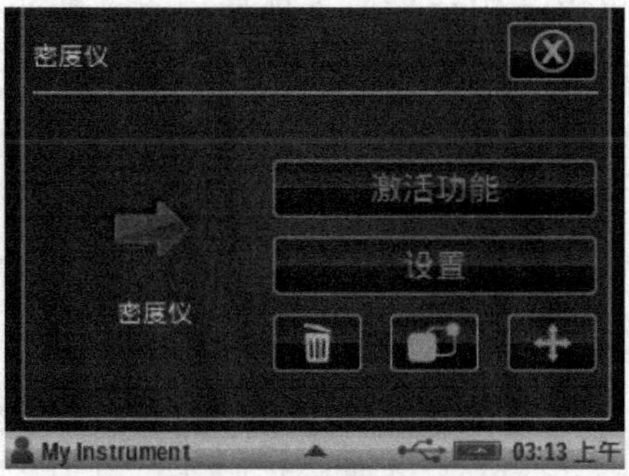

附图 -8 工具设置屏幕

3. **用户工具**

可以使用用户工具配置不同用户的 exact。可以创建新的用户、删除或编辑用户名称、密码和安全设置。用户定义设置是指特定功能。如果 exact 为多个用户配置，可为每个用户单独地配置设置。注意：可使用 exact 管理应用程序创建多个用户，然后上载至仪器。

4. **新建用户**

①轻触第一个主菜单屏幕的用户工具图标，进入用户屏幕。

②轻触“添加”图标，创建新用户。通过这里的“添加”图标所建立的新用户配置文件是以仪器设置的当前区域的默认设置和工具开始的。

③为新用户配置文件输入所需名称，完成后轻触OK。

④继续添加其他用户或继续编辑用户选择，为每个用户配置文件设置特定参数。

5. 编辑用户

①轻触主菜单的用户图标，修改用户参数，如名称、密码或设置。

②按住用户屏幕的特定用户图标，直到显示账户屏幕。

用户账户密码为可选。如果选定用户分配有密码，在进入用户账户之前，将被要求输入密码。如果忘记密码，可以使用 exact 管理应用程序重设、查找或清除密码。每个用户都有一个账户屏幕，可在此设置或修改各种参数。

6. 账户设置

①轻触“账户图标”按钮，进入显示各种颜色图标的屏幕。所选图标颜色将被分配至用户。

②轻触“名称”按钮，进入可修改用户名称的屏幕。

③轻触“密码”按钮，进入可更改登录密码的屏幕。

④轻触“安全功能”按钮，进入安全设置屏幕。用户可以在此更改当前用户账户的安全级别。用户账户启用安全功能后，除非输入密码（与用户登录密码不同）临时禁用安全功能，否则无法进行特定的更改（根据级别在以下说明）。

低：当前用户只能更改影响当前用户配置文件的设置。不能恢复工厂默认值、清除当前用户配置文件、更改区域设置或创建/移除其他用户配置文件。

关闭：未激活安全功能。

安全密码：仪器上所有的用户配置文件均使用相同的安全密码。可使用 exact 管理软件或进入“诊断”菜单修改密码。

如果当前用户配置文件的安全功能为激活状态，状态栏中将显示锁定图标。锁定是因为尚未输入安全密码暂时禁用安全功能。如果用户已暂时禁用安全功能（解锁图标），当用户再次登入此用户配置文件（切换返回）或重新启动仪器时，将重新启用该功能。

7. 我的设置工具

本工具用于为选定用户自定义几个默认设置。在创建新的工具时，这些设置将被用作默认值。可使用 exact 管理应用程序编辑设置，然后上载至 exact 仪器。轻触第一个主屏幕上我的设置工具图标，进入设置屏幕，如附图 -9 所示。

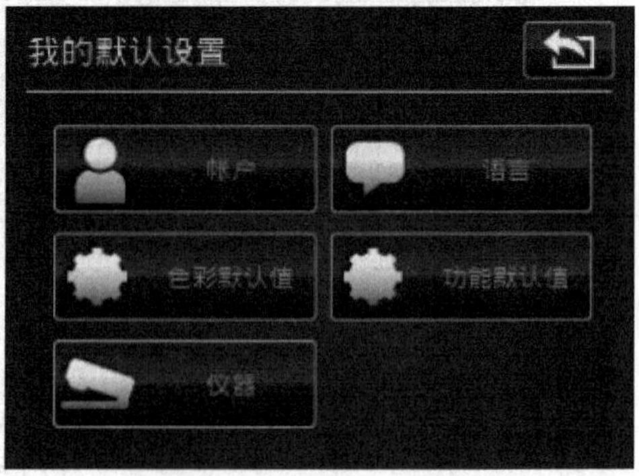

附图 -9 我的设置工具

可使用两种方式在 exact 先进仪器中选择用户：转到用户工具并轻触用户图标，或轻触主屏幕底部状态栏的三角图标并选择“注销”按钮。然后轻触所需用户，如附图 -10 所示。

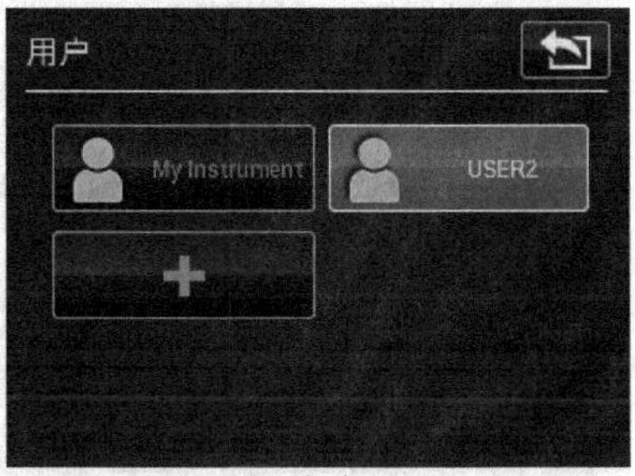

（a）

或

（b）

附图 -10 使用两种方式在 exact 先进仪器中选择用户

8. **色彩默认值**

此选项用于为所选用户设置色彩默认值和已创建的新工具，如附图 -11 所示。在这里对设置的任何修改将不会改变已创建工具的设置。但并非所有工具都使用这些默认列表的每个设置。如果一个工具不使用这里列出的一个设置，当直接编辑这个工具的设置时，它将不会显示。左侧的滚动条表示有其他可用选项。向上滑动屏幕，查看其他选项。

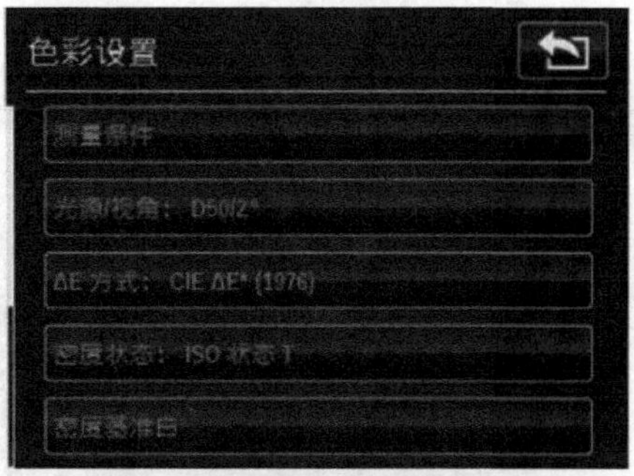

附图 -11 色彩设置

9. **功能默认值**

本选项用于为选定用户设置功能默认值，如附图 -12 所示。这些默认功能设置用于新建的任何工具。在这里对设置的任何修改将不会改变已创建工具的设置。但并非所有工具都使用这些默认列表的每个设置。如果一个工具不使用这里列出的一个设置，当直接编辑这个工具的设置时，它将不会显示。左侧的滚动条表示有其他可用选项。向上滑动屏幕，查看所有选项。

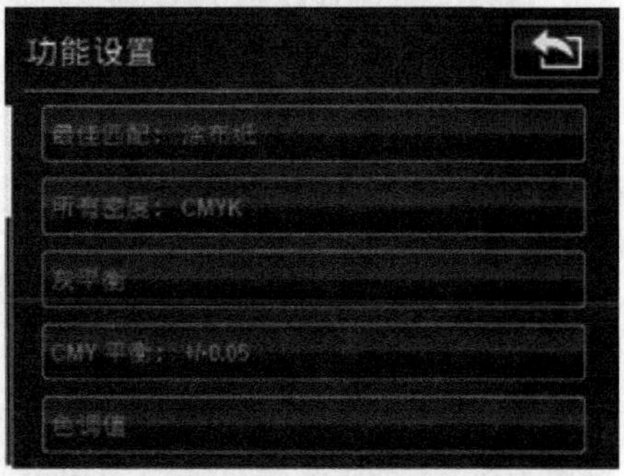

附图 -12 功能设置

10. **仪器设置**

本选项用于为选定用户设定仪器设置，如附图 -13 所示。

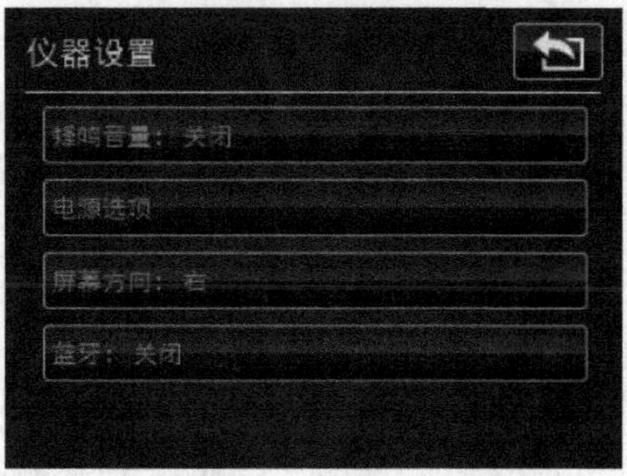

附图 -13 仪器设置

蜂鸣音量：设置仪器的蜂鸣音量。选项包括：关闭、低音和高音。

电源选项：设置仪器屏幕在不使用（闲置）时所停留的时间。往左拖动图标可减少显示的时间，往右拖动可增加显示的时间。数值范围从 1min 到 3h。

屏幕方向：设置仪器屏幕显示的方向。选项包括：左侧和右侧。

蓝牙：仪器中有激活的蓝牙功能。设置为“开启”时，仪器将搜索蓝牙连接。此选项仅在配有蓝牙的仪器中显示。

11. **诊断工具**

此工具用于查看错误或查看 / 编辑设备的区域设置，如附图 -14 所示。轻触第一个主屏幕上的诊断工具图标，进入诊断屏幕。在诊断主屏幕上有五个按钮，提供仪器的配置文件镜头。每个按钮指向仪器的一个区域，此区域将有一个彩色点指示仪器该区域的当前状态（有时没有相关的状态，因而只显示一条线）。仪器图像下方显示仪器当前时间和区域设置的信息。屏幕还列出检测条件开关的当前位置。

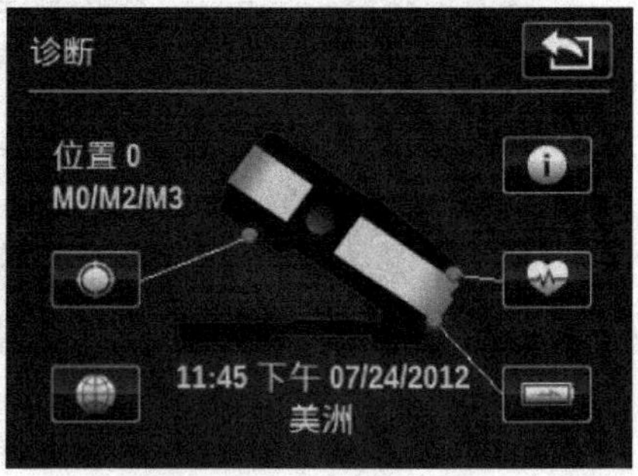

附图 -14　诊断工具

12. **校准总结**

校准选项显示当前检测条件的校准状态，如附图 -15 所示。向左滑动屏幕，查看其他检测条件校准状态。屏幕上的校准按钮用于手动启动新的校准，从而进入校准步骤。

（a）

（b）

附图 -15　校准总结

13. **区域设置**

仪器保持一套用户配置文件外的配置设置，从而影响创建的任何新用户配置文件的默认设置。对于不同的用户配置文件，区域设置并没有不同。

区域：此设置极大影响所有的默认设置（主菜单中的其他区域设置、所有色彩和功能的默认设置，甚至初始工具及其配置）。更改区域时，其他设置设定为默认值。然而，如果不喜欢默认设置，可以覆盖以下所有的区域设置。

14. **仪器总结**

查看仪表的类型、序列号、固件版本和其他信息。还可以通过此屏幕恢复出厂设置。

重要信息：启动恢复将删除所有的用户配置文件、设置、工具、色库、样品、工作名称和工作模板。仪器重启时将出现安装向导屏幕。

仪器条件：仪器条件选项用于在仪器的系统上运行自我诊断程序。

仪器将提醒检测特定（必要）色块。以下是典型的必要色块检测列表。

①纸张：工作的第一个读数通常应为纸张。如果首先检测不同的色块，则出现弹出信息。

②实地：纸张检测后，应检测实地，因为这是色调和叠印检测的必要条件。

③色调：需要首先检测纸张和实地色块。

④叠印：进行叠印之前，需要对纸张和被检测的每种油墨的两种实地色块进行检测。

⑤灰平衡：在一些情况下，由于它辅助色块检测，因此它有助于在检测纸张后检测黑色实地。然而，它并不总是必需的。工作中并不一定要用到黑色。

15. **仪器技术规格**

光谱分析仪：DRS 光谱引擎。

光谱范围：400 ～ 700nm，有 10mm 间隔。

检测几何设备：45° /0° 环状照明光学元件，ISO 5-4:2009(E)。

检测光圈：1.5mm、2mm、4mm 或 6mm。

光源：充气钨丝灯（光源 A 类）和紫外线灯 (UV LED)。

检测条件：符合 ISO 13655:2009。M0，非极化，无滤镜，包含紫外线；M1，D50；M2，排除紫外线的滤镜；M3，偏振滤镜。

校准：自动开启集成白色参考。

仪器间协定值：平均值 0.25 E^*_{ab}，最大值 0.45 ΔE^*_{ab} (M3 0.55 ΔE^*_{ab})（使用爱色丽生产标准，在温度为 23℃ ±1℃，相对湿度为 40% ~ 60% 下的检测适用于 12 BCRA 色砖和白瓷参考（D50, 2°）。

短期重复性：白色 0.05 E^*_{ab}，（标准偏差）白色 BCRA（每隔 5s 检测一次颜色，取 10 次的平均值，误差与此值进行比较）；密度为 ±0.01 D 时，用于 CMYK 检测状态 E 或状态 T 检测。除密度为 1.7 D 时的 M3 黄色之外，密度为 2.0 D 时，每隔 5s 检测一次颜色，取 10 次的平均值，最大误差与此值进行比较。

操作条件：

操作温度范围 10 ~ 35℃；最高 30% ~ 85% 相对湿度（非冷凝）；存放温度范围 -20 ~ 50℃。

参考文献

[1] 赵伟立．印刷品质量检测．北京：化学工业出版社，2008.

[2] 彭策．印刷品质量控制．北京：化学工业出版社，2004.

[3] 刘世昌．印刷品质量检测与控制．北京：印刷工业出版社，2004.

[4] 潘杰．现代印刷机原理与结构．北京：化学工业出版社，2010.

[5] 潘杰，薛克．平版印刷机实用技术．北京： 化学工业出版社，2015.

（a）　　（b）　　（c）

彩图 1　（图 1-1 凸版印刷产品特征）

（a）　　（b）

彩图 2　（图 1-2 平版印刷产品特征）

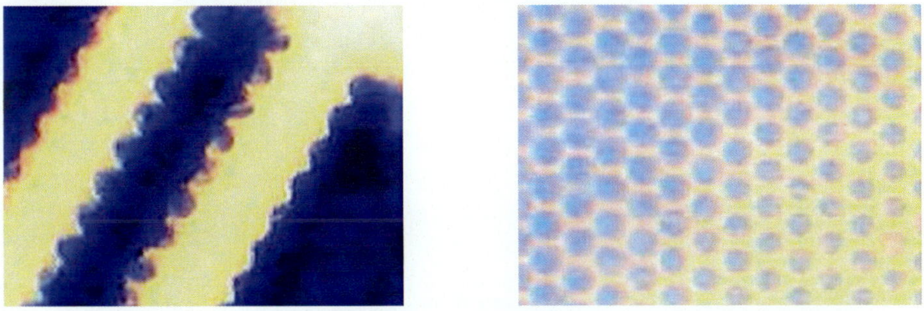
（a）　　（b）

彩图 3　（图 1-3 凹版印刷产品特征）

彩图 4　（图 2-1 印刷质量测控条中的连续调控制块）

彩图 5　（图 2-2 印刷质量测控条中的实地控制块）

彩图 6 （图 2-4 印刷质量测控条中的灰平衡控制块）

彩图 7 （图 2-7 印刷质量检测用的控制图）

彩图 8 （图 2-19 3M 公司彩色印刷测控条）

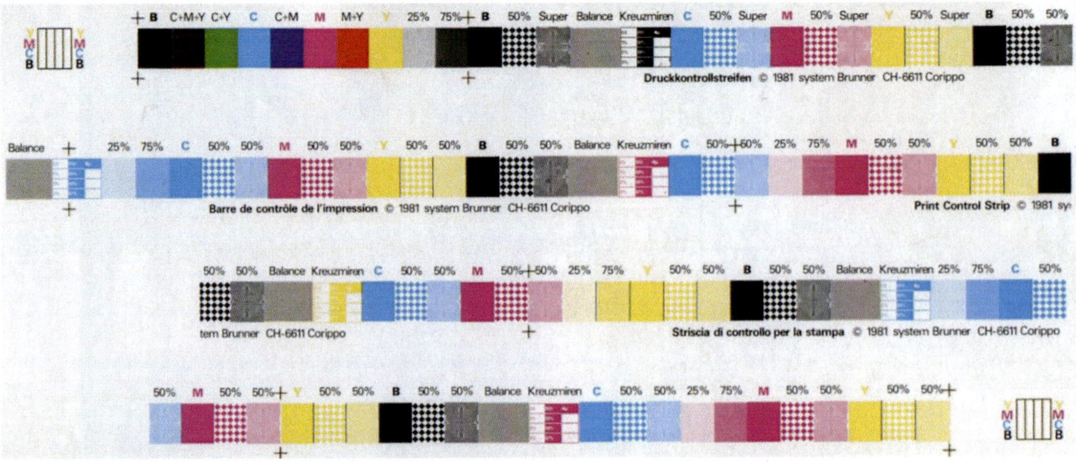

彩图 9 ［图 2-22 布鲁纳尔第三代（1981 年版）彩色印刷质量测控条］

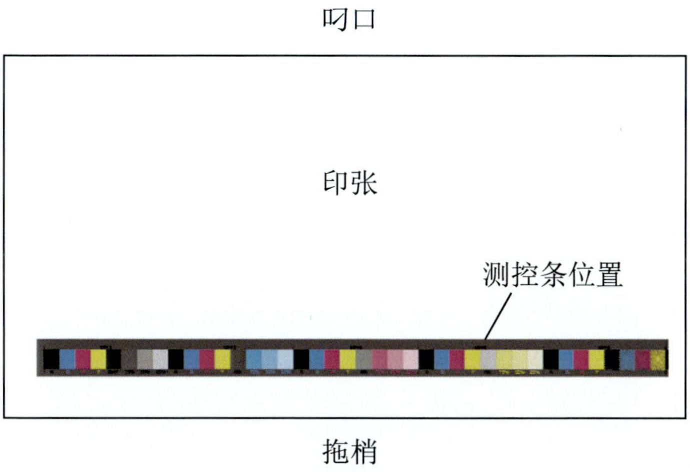

彩图 10 （图 2-24 印刷质量测控条在印张上的位置）

彩图 11 （图 3-1 套印不准）

彩图 12 （图 3-3 纸张起皱）

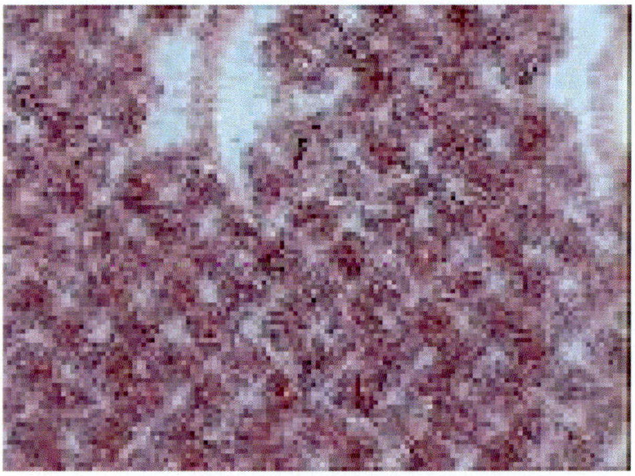

彩图 13 （图 3-4 糊版）

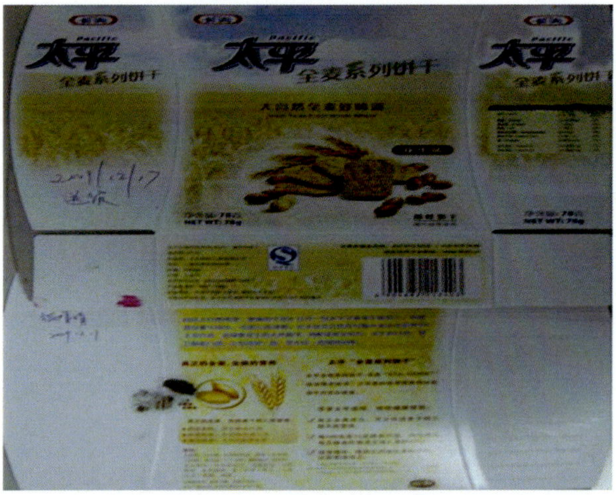

彩图 14 （图 3-5 脏版）

彩图 15 （图 3-6 花版、掉版）

彩图 16 （图 3-7 飞墨）

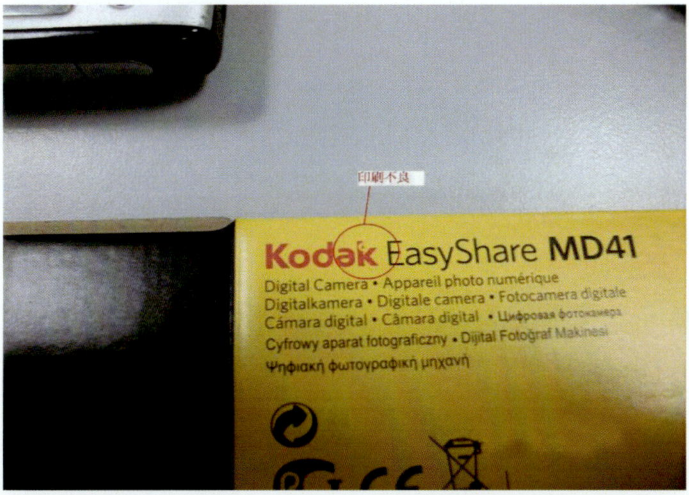

彩图 17 （图 3-8 斑点墨皮）

（a）　　（b）

彩图 18 （图 3-9 色差）

彩图 19　[图 3-10 色差（前深后淡）]

彩图 20　（图 3-11 条痕）

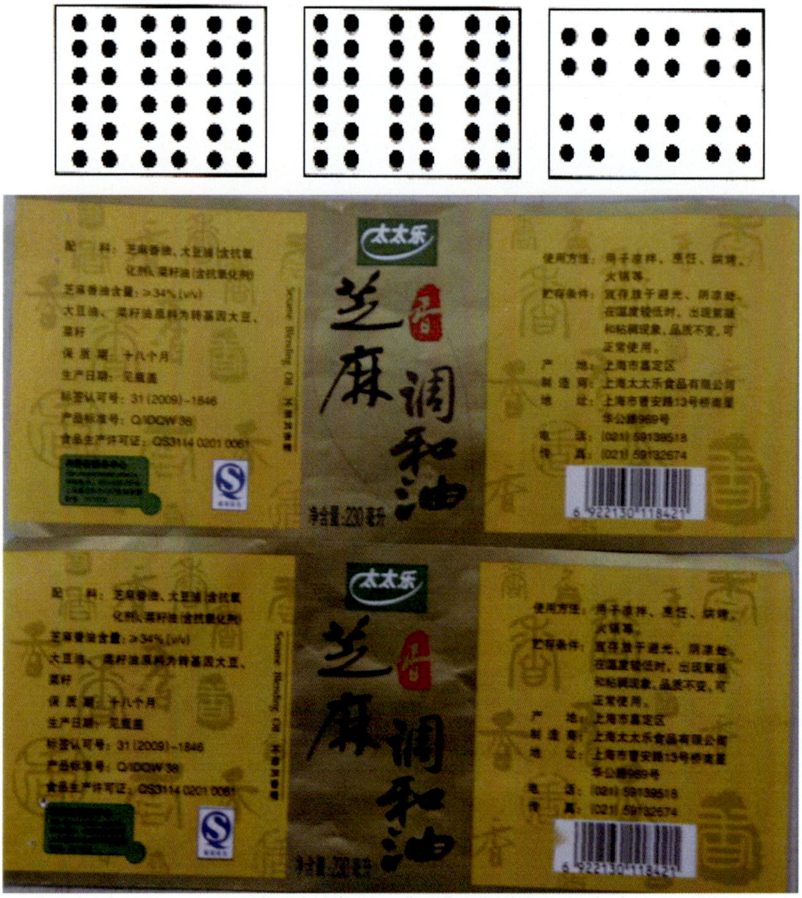

彩图 21　（图 3-12 重影示意图）

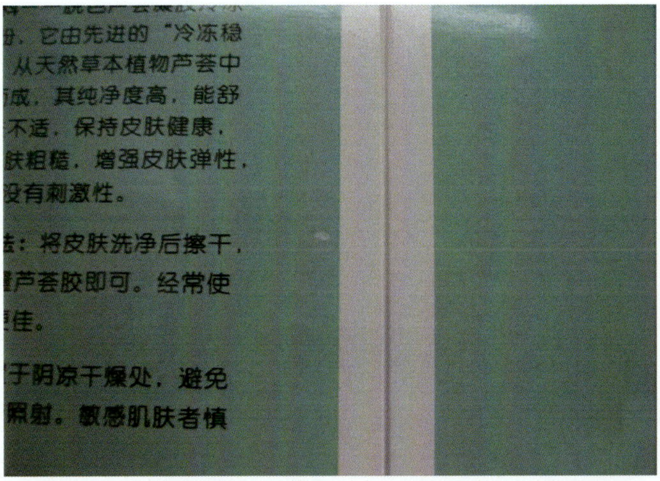

彩图 22　（图 3-14 拉毛掉粉）

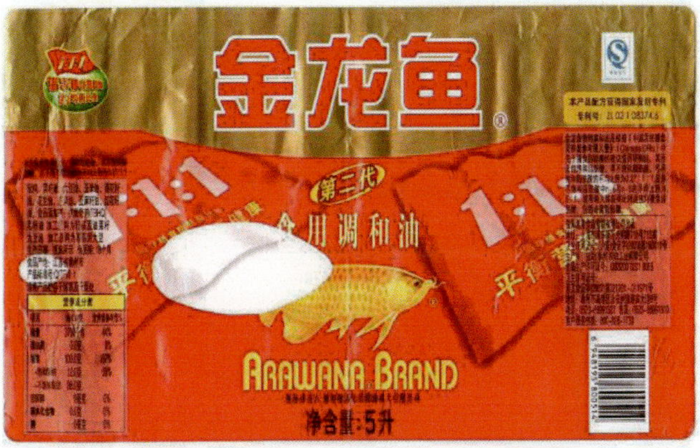

（a）

（b）

彩图 23　（图 3-15 水油迹）

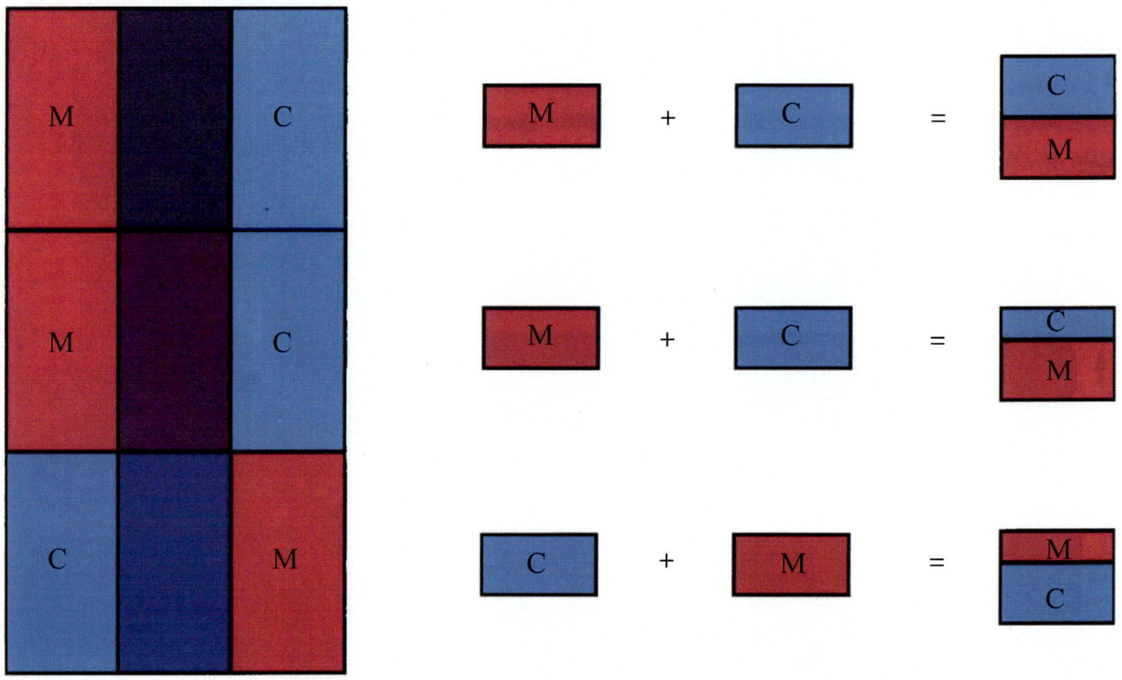

彩图 24 （图 4-9　C 和 M 油墨三种叠印情况示意图）